Berichte aus dem
Institut für Umformtechnik
der Universität Stuttgart
Herausgeber: Prof. Dr.-Ing. Dr. h.c. K. Lange

102

Frank D. Ilzig

Interaktives rechnergestütztes System zur Konstruktion von Werkzeugen für die Kalt-Massivumformung

Mit 69 Abbildungen

Springer-Verlag
Berlin Heidelberg New York
London Paris Tokyo Hong Kong 1989

Dipl.-Ing. Frank D. Ilzig
Institut für Umformtechnik
Universität Stuttgart

Dr.-Ing. Dr. h. c. Kurt Lange
o. Professor em. an der Universität Stuttgart
Institut für Umformtechnik

D 93

ISBN-13: 978-3-540-51492-3   e-ISBN-13: 978-3-642-83879-8
DOI: 10.1007/978-3-642-83879-8

Gesamtherstellung: Copydruck GmbH, Heimsheim
2362/3020—543210

GELEITWORT DES HERAUSGEBERS

Die Umformtechnik zeichnet sich durch sehr gute Werkstoffaus-
wertung und hohe Mengenleistung in der Serienfertigung gegenüber anderen Fertigungsverfahren aus, wobei Beibehaltung der
Masse, Änderung der Festigkeitseigenschaften während eines Vor-
gangs und elastische Rückfederung der Werkstücke nach einem
Vorgang wesentliche Merkmale sind. Weiter sind die benötigten
Kräfte, Arbeiten und Leistungen sehr viel größer als z.B. bei
spanenden Verfahren. Die sichere Beherrschung eines Verfahrens
in der industriellen Fertigung und die zunehmende Forderung
nach Vermeidung bzw. Minimierung spanender Nacharbeit erzwingen
die geschlossene Betrachtung des Systems "Umformende Fertigung"
unter zentraler Berücksichtigung plastizitätstheoretischer,
werkstoffkundlicher und tribologischer Grundlagen.

Das Institut für Umformtechnik der Universität Stuttgart stellt
entsprechend Forschung und Entwicklung zum einen auf die Erar-
beitung von Grundlagenwissen in diesen Bereichen ab, zum anderen
untersucht und entwickelt es Verfahren unter Anwendung spezieller Meßtechniken mit dem Ziel einer genauen quantitativen Ermittlung des Einflusses der Parameter von Vorgang, Werkstoff,
Werkzeug und Maschine. Die Behandlung von Problemen des Maschi-
nenverhaltens, der Maschinenkonstruktion sowie der Werkzeugaus-
legung und -beanspruchung, der Auswahl hochbeanspruchbarer,
verschleißfester Werkzeugbaustoffe und schließlich der Tribo-
logie gehört entsprechend ebenfalls zum Arbeitsgebiet, das
durch die Erfassung organisatorischer und betriebswirtschaft-
licher Fragen abgerundet wird.

Im Rahmen der "Berichte aus dem Institut für Umformtechnik" er-
scheinen in zwangloser Folge jährlich mehrere Bände, in denen
über einzelne Themen ausführlich berichtet wird. Dabei handelt
es sich vornehmlich um Abschlußberichte von Forschungsvorhaben,
Dissertationen, aber gelegentlich auch um andere Texte. Diese
Berichte sollen den in der Praxis stehenden Ingenieuren und
Wissenschaftlern zur Weiterbildung dienen und eine Hilfe bei
der Lösung umformtechnischer Aufgaben sein. Für die Studieren-

den bieten sie die Möglichkeit zur Vertiefung der Kenntnisse.
Die seit zwei Jahrzehnten bewährte freundschaftliche Zusammenarbeit mit dem Springer-Verlag sehe ich als beste Voraussetzung
für das Gelingen dieses Vorhabens an.

Kurt Lange

V o r w o r t

Die vorliegende Arbeit entstand in enger Verbindung mit dem
Institut für Umformtechnik der Universität Stuttgart
während meiner Tätigkeit bei der Fichtel & Sachs AG als
Abteilungsleiter von Werkzeugkonstruktion und Werkzeugbau
und der Anwendungsentwicklung CAM im Technischen Rechen-
zentrum.

Herrn Professor Dr.-Ing. Kurt Lange, dem Leiter des Instituts
für Umformtechnik, danke ich aufrichtig für sein Vertrauen,
seine großzügige Förderung und seinen wissenschaftlichen Rat
bei der Erstellung dieser Arbeit.

Herrn Professor Dr.-Ing. Walter Döpper bin ich für die Anre-
gungen zu dieser Arbeit und die kritische Durchsicht mit den
daraus resultierenden wertvollen Hinweisen sehr verbunden.

Den Mitarbeitern des Instituts für Umformtechnik und
besonders den Herren Dipl.-Ing. Wolfgang Makosch und
Dipl.-Ing. Ekkehard Körner danke ich für ihre stete Hilfs-
bereitschaft und kritische Diskussion.

Mein Dank gilt auch meinen Kollegen, allen voran den Herren
Werner Kleinhenz, Dipl.-Ing. (FH) Norbert Schmitt und
Dipl.-Ing. Günter Wagner, die mit ihrer tatkräftigen Mit-
hilfe und Unterstützung zum Gelingen dieser Arbeit beige-
tragen haben.

Frau Birgitt Prause danke ich besonders für ihren Einsatz
beim Schreiben der Arbeit.

Stuttgart, Oktober 1988   Frank D. Ilzig

I n h a l t :

Verwendete Formelzeichen und Einheiten
Formelzeichen:

A_i	mm	Längen
AL2	Grad	Schulteröffnungswinkel
D_i	mm	Durchmesser
H_i	mm	Höhen
K_i	mm	Kugeldurchmesser
L_i	mm	Längen
R_i	mm	Radien
W_i	Grad	Winkel
X_i	$^o/oo$	relatives Haftmaß
α	Grad	Winkel
β	Grad	Winkel
γ	Grad	Winkel
δ	Grad	Winkel
ε	Grad	Winkel
A_{St}	mm^2	Stempelfläche
e	mm	Exzentrizität des Kraftangriffs
E	N/mm^2	Elastizitätsmodul
F_{St}	N	Stempelkraft
P_i	N/mm^2	hydrostatischer Innendruck
P_{St}	N/mm^2	bezogene Stempelkraft
R_P	N/mm^2	Druckfließgrenze
R_{Pi}	N/mm^2	Druckfließgrenze, bzw. Streckgrenze von Bauteilen
α_k	-	Kerbfaktor
ν	-	Sicherheitsfaktor
σ_{zb}	N/mm^2	Biegespannung
σ_{zd}	N/mm^2	mittlere Druckspannung
σ_{zges}	N/mm^2	gesamte Spannung

Abkürzungen:

CAD	Computer Aided Design
CAM	Computer Aided Manufacturing
CIM	Computer Integrated Manufacturing
CVD	Chemical Vapor Deposition
DIN	Deutsches Institut für Normung
EDV	Elektronische Datenverarbeitung
FEM	Finite Elemente Methode
FORTRAN 77	Programmiersprache
GKS	Grafisches Kernsystem
IGES	Initial Graphics Exchange Specification
NC	Numerical Control
PC	Personal Computer
PVD	Physical Vapor Deposition
VDA-PS	Verband der Automobilhersteller - Programmschnittstelle
2 D	zweidimensional
3 D	dreidimensional

Programmpakete:

BRAVO 3	CAD-System (APPLICON)
CADIS	CAD-System (SIEMENS)
CODEM	CAD-System (IBM)
DETAIL 2	CAD-System (PARTEC)
EXAPT	CAM-System (EXAPT-Verein)
KONWERKA	CAD-Paket (Institut für Umformtechnik)
PHILIKON	CAD-System (PHILIPS)
PROREN 1	CAD-System (ISYKON)
PRIMOS	Betriebssystem (PRIME)
SCHRUMP	Berechnungspaket (Inst. f. Umformtechnik)
TPS 10	FEM-Paket (T-PROGRAMM)
ZEIEX	Simulationsmodul von EXAPT

0.   Einführung

Der Wettbewerb zwingt die Automobilindustrie und damit auch
die Automobilzulieferindustrie zu einer zunehmenden Diffe-
renzierung und damit schnelleren Folge von echten   und
scheinbaren Innovationen. Das führt in allen betroffenen
Märkten zu

-   Zunahme der Typenvielfalt, die am Beispiel eines
    repräsentativen Produkts im Bild 1 dargestellt ist,

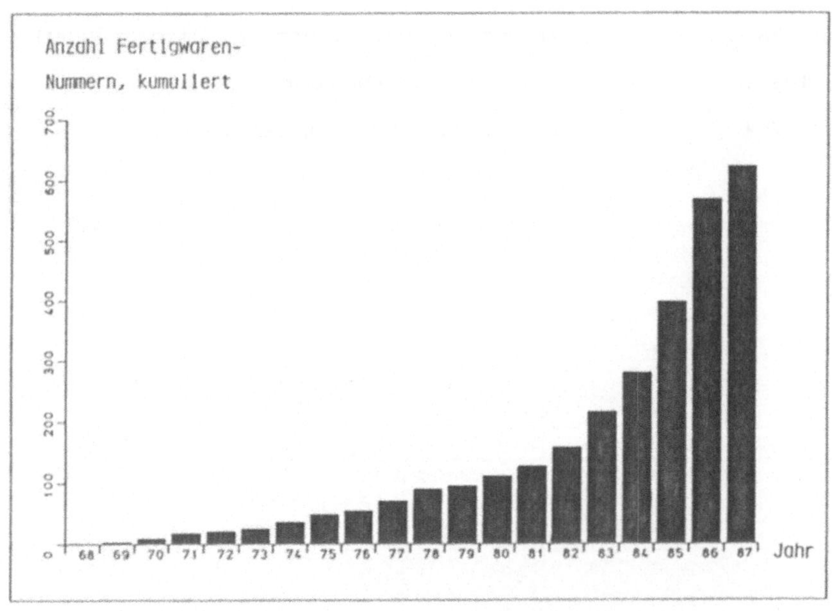

Bild 1:   Zunahme der Typenvielfalt eines repräsentativen
            Produkts

- gleichzeitig sinkenden Stückzahlen, da der Absatz nicht proportional zur Zunahme der Typenvielfalt wächst,

- Forderung nach Verkürzung der Innovationszeit,

- Zunahme der Komplexität der Produkte durch zusätzliche Funktionen mit einer höheren Anzahl von zum Teil komplexeren Einzelteilen und gegebenenfalls höheren Anforderungen an die Genauigkeit dieser Teile. Die Bilder 2 und 3 zeigen ein typisches Beispiel für die Integration zusätzlicher Funktionen bei einem Produkt der Automobilzulieferindustrie.

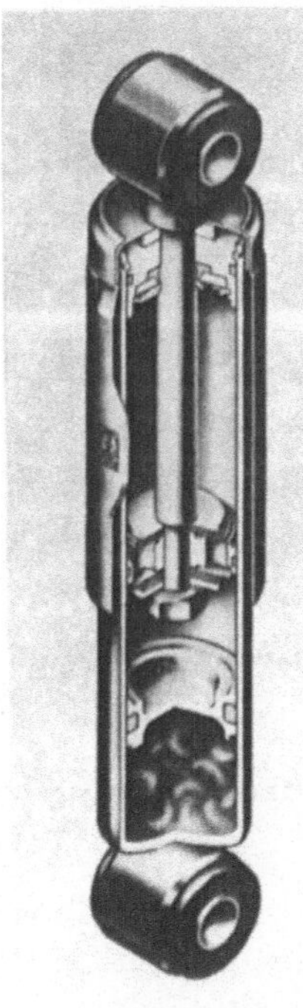

Bild 2: Einrohr-Gasdruck-
Stoßdämpfer

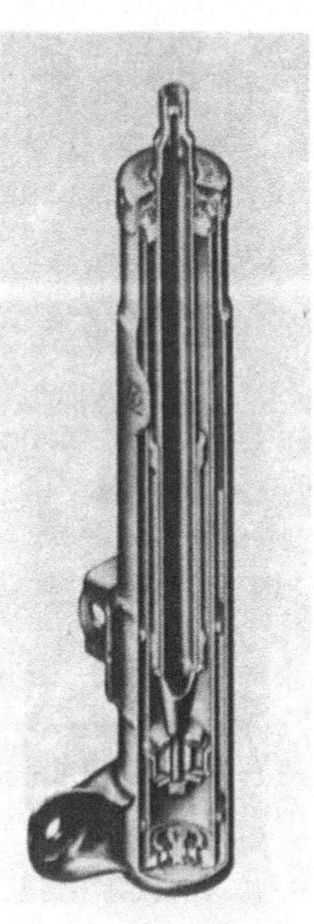

Bild 3: Dämpferbein

Im besonderen Maße betrifft diese Marktentwicklung Teile, zu
deren Herstellung typgebundene Werkzeuge und Vorrichtungen
erforderlich sind. Vor allem in der Umformtechnik verursachen
diese Werkzeuge einen wesentlichen Teil der Kosten:

- häufig neue oder geänderte Werkzeuge,

- zumeist komplexere Werkzeuge durch komplexere Teile,

- diese Teile mit vielfach erhöhten Anforderungen an die
  Genauigkeit verlangen in noch höherem Maße genaue Werkzeuge zu ihrer Herstellung,

- kürzere Innovationszeiten bedingen zwangsweise eine Verkürzung der Durchlaufzeiten bei der Anfertigung von Werkzeugen,

- die Forderung nach kürzeren Durchlaufzeiten konkurriert mit
  der betriebsinternen Forderung nach möglichst später Werkzeugherstellung mit Rücksicht auf späte konstruktive
  Änderungen und den für Werkzeuge hohen Kapitalaufwand, wie
  in Bild 4 dargestellt / 1 /,

- der am Markt ohnehin vorhandene Kostendruck wird durch die
  genannten Konsequenzen noch erhöht.

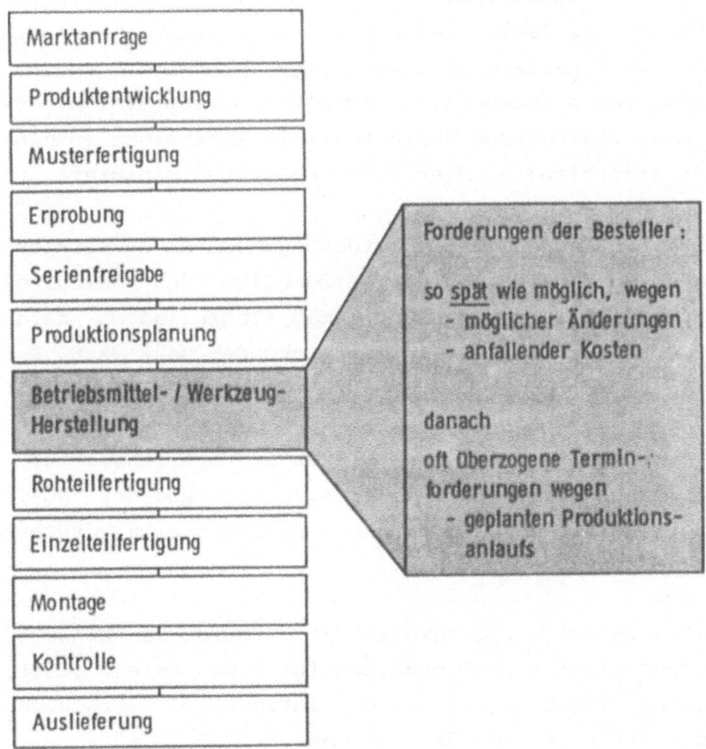

Bild 4: Werkzeugherstellung in dem die Durchlaufzeit
bestimmenden "kritischen Pfad" einer Produkt-
einführung

Für den Werkzeugbau ergeben sich damit die Forderungen,

- größere Anzahl Werkzeuge,
- in kürzerer Zeit,
- bei verbesserter Qualität,
- mit geringeren Kosten

bereitzustellen.

Zusätzlich zu berücksichtigen ist die Anfertigung von Werkzeugen für solche Teile, deren bisherige spanende Herstellung durch eine rationellere Umformung abgelöst wird, sowie die Anfertigung von Werkzeugen für komplexere Umformteile, deren nachfolgende Bearbeitung durch maximale Annäherung an den geforderten Endzustand - Near Net Shape - minimiert wird.

Die meisten der aufgeführten Forderungen an einen Werkzeugbau ließen sich durch Erhöhung der personellen und maschinellen Kapazitäten erfüllen. Erfahrungsgemäß stehen jedoch derartig qualifizierte Kräfte nicht in ausreichender Zahl zur Verfügung.

Weniger problematisch ist der Bereich der Betriebsmittel, die mit Hilfe des Einsatzes flexibler Maschinen und der NC-Technik weitere Leistungssteigerungen ohne personelle Verstärkung zulassen.

Analog sind in der Werkzeugkonstruktion durch den Einsatz von Rechnern und CAD die Möglichkeiten für eine Leistungssteigerung gegeben, insbesondere durch Integration verschiedener Funktionen mit Hilfe von CAD und CAM.

Unterstellt wird im nachfolgenden eine bestimmte Unternehmensgröße, in der die Verwendung bemaßter, tolerierter und folglich austauschbarer Werkzeug-Einzelteile üblich ist und in der zugleich der Aufwand, der mit dem Einsatz von CAD und CAM verbunden ist, gerechtfertigt werden kann.

Anders gelagert ist dies in einem eher handwerklich orientierten Betrieb, in dem vielfach eine grobe Zusammenbauzeichnung entsprechend ausgebildeten Facharbeitern zur Anfertigung von Werkzeugeinzelteilen genügt.

1. Stand der Erkenntnisse und Zielsetzung

1.1   Stand der Erkenntnisse

Der grundsätzliche Aufbau von CAD-Systemen und die entsprechende Arbeitsweise werden als bekannt vorausgesetzt. Schon früh hat CAD in die Konstruktion von Werkzeugen zur Blechbearbeitung Eingang gefunden und wurde später dann auch bei der Konstruktion von Schmiedegesenken und Werkzeugen der Kaltmassivumformung genutzt / 2 bis 14 /.

Besonders die Kaltmassivumformung und deren Werkzeugherstellung hat sich für einen CAD-Einsatz als attraktiv erwiesen aufgrund der hier stark ausgeprägten

-    Teilefamilien mit großer Typenvielfalt,
-    Forderung nach kürzeren Durchlaufzeiten,
-    Möglichkeit der mehrfachen Verwendung einmal
     definierter Daten.

Trotz dieses breiten denkbaren Spektrums sind bisher nur wenige Anwendungsfälle bekannt, die im wesentlichen in / 2 bis 14 / beschrieben sind.

Grundsätzlich lassen viele am Markt verfügbaren CAD-Systeme eine Konstruktion von Werkzeugen für die Kaltumformung zu. Sie berücksichtigen jedoch nur unzureichend deren besondere Anforderungen.

Die Konstruktion von Werkzeugen, im allgemeinen wie auch für die der Umformtechnik, verlangt mehr als andere Konstruktionsaufgaben die Nutzung verfügbarer allgemeiner Normteile und betriebsspezifischer Standardteile des Werkzeugbaus. Diese sind in Bild 5 am Beispiel eines Fließpreßwerkzeuges als Grundwerkzeug mit Wechselteilen neben den Verschleißteilen dargestellt.

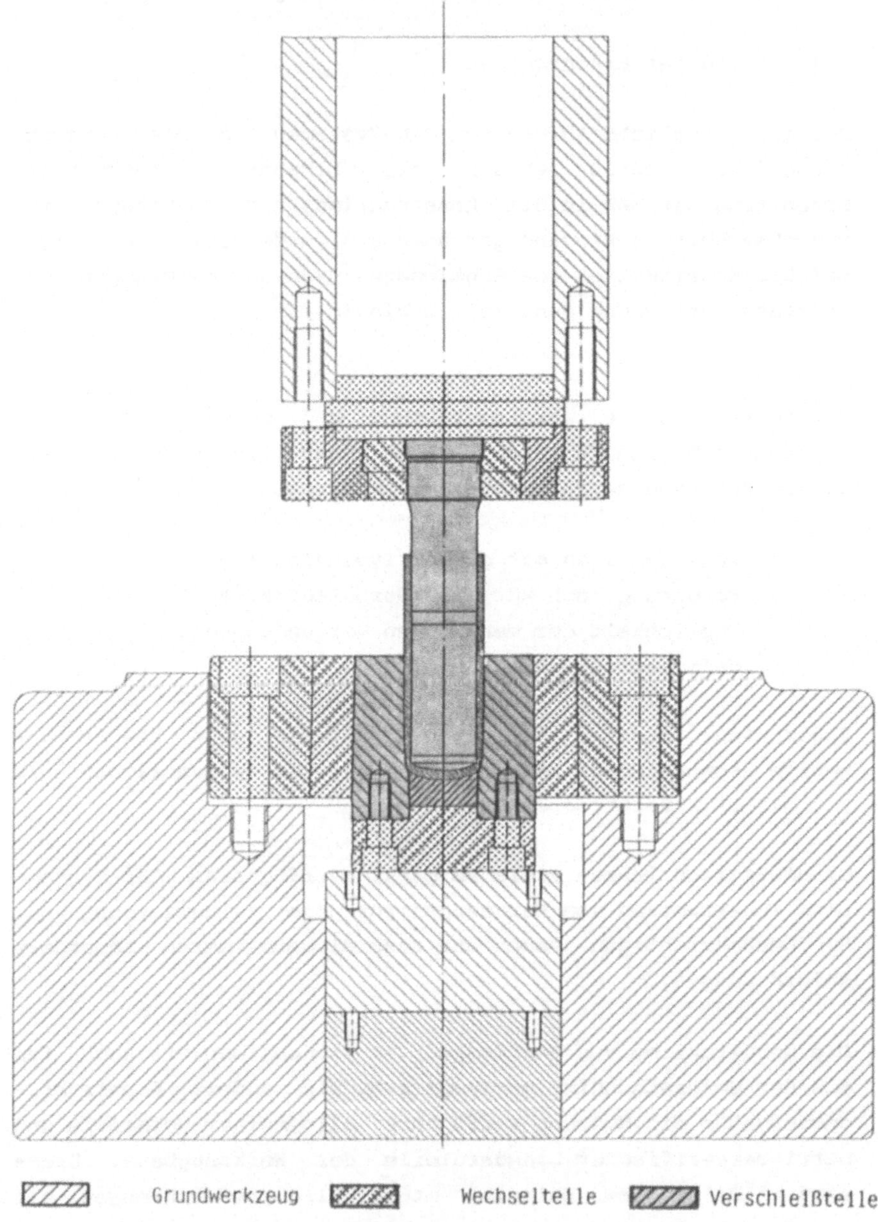

Bild 5: Werkzeug für eine Teilefamilie mit austauschbaren
Standardteilen

Eine ausreichend breite Palette solcher Normteile muß bereitstehen, um Werkzeugkonstruktionen rationell durchführen zu können. Weitere Arbeitserleichterungen können in der Umformtechnik durch die Bereitstellung von Berechnungsprogrammen, wie z. B. für die Dimensionierung von Schrumpfverbänden, erreicht werden. Speziell für die Werkzeugkonstruktion gilt, daß eine Vielzahl der Konstrukteure vorzugsweise aus qualifizierten Werkzeugmachern hervorgegangen ist. Trotz hoher praktischer Erfahrung und spezifischer Fachkenntnisse können CAD-orientierte Überlegungen nicht vorausgesetzt werden.

Bislang können diese besonderen Erfordernisse der Werkzeugkonstruktion nur mit erheblichen Vorarbeiten durch die CAD-Systembetreuer oder allenfalls durch intensive Schulung der unmittelbar betroffenen Anwender erfüllt werden.

Ein frühes Beispiel für eine CAD-Anwendung in der Kaltmassivumformung, die Konstruktion von Werkzeugen für das Napf-Rückwärtsfließpressen von Rohteilen für die Stoßdämpferherstellung, wurde vom Verfasser 1983 veröffentlicht / 1, 15 /. Zugrunde lag ein Variantenprogramm auf der Basis von PROREN 1, ein an der Ruhr-Universität Bochum entwickeltes CAD-System.

Innerhalb der speziellen Anwendungsmöglichkeiten dieses Programms wurde ein bemerkenswerter Rationalisierungseffekt erzielt. Nur wenige Parameter mußten eingegeben werden, um nach kurzer Zeit das Ergebnis in Form einer Zusammenbauzeichnung des Werkzeugs und aller Einzelteilzeichnungen zur Verfügung zu haben. Aufgrund der hohen Automatisierung waren bis auf die Eingabe weniger Parameter und einer gedanklichen Plausibilitätskontrolle bei der Eingabe Eingriffe des Benutzers - z. B. Entscheidungen oder Kontrollen - weder erforderlich noch möglich. Er konnte sich daher in vielen Fällen mit dem ihm vorgelegten Ergebnis nicht identifizieren.

Unbefriedigend war auch die geringe Flexibilität des Programms, das lediglich geometrisch ähnliche Teile zuließ. Eine Erweiterung der Teilefamilie konnte nur mit erheblichem Programmieraufwand realisiert werden.

Die Weiterentwicklung der CAD-Systeme brachte eine grundsätzliche Umorientierung. Die bisherige Arbeitsteilung zwischen Programmierer und Anwender und die damit verbundenen Übertragungsprobleme wurde durch den Ersatz der batch-verarbeitungsorientierten Programmierung durch den interaktiven Dialog aufgehoben. Damit wird dem Konstrukteur bei entsprechender Systemschulung das freie Gestalten von Teilen am Bildschirm ohne Kenntnisse spezieller Programmiersprachen möglich. Die damit erworbene Unabhängigkeit des Anwenders vom Programmierer und die erweiterte Flexibilität bewirkte eine deutlich höhere Akzeptanz des CAD-Einsatzes.

Der Einsatz zunächst alphanumerisch und später graphisch interaktiver CAD-Systeme entlastete die systembetreuenden Abteilungen vom "Nach-Programmieren" der ständig zunehmenden Anwenderwünsche nicht nur hinsichtlich der Menge sondern auch der Komplexität. Die Vorteile der durch eine Variantenkonstruktion erzwungenen Standardisierung wurden damit jedoch aufgegeben. Für ein Schnittwerkzeug für eine Teilefamilie konnte zum Beispiel die Anzahl der verschiedenen Einzelteile für Grundwerkzeug und Wechselteile von ca. 300 auf ca. 35 reduziert werden. Die Rationalisierungseffekte beschränken sich nunmehr auf die Eindeutigkeit der Geometrie, eine maßstäbliche Darstellung und in gewissem Umfang eine Vereinfachung der zeichnerischen Darstellung eines Teils.

Die zunächst bei der Einführung von CAD einer Wirtschaftlichkeitsbetrachtung zugrundeliegenden Effekte - die Rationalisierung der Zeichentätigkeit - waren infolge des hohen Aufwandes für Hard- und Software unbefriedigend. Dies änderte sich mit der Erkenntnis, daß wesentliche Vorteile einer

CAD-Anwendung auch den der Konstruktion nachgeschalteten Abteilungen zugute kommen. Die gleichzeitige Verbilligung der Hardwarekomponenten ließ jetzt Wirtschaftlichkeitsnachweise auch ohne Standardisierungsvorteile zu.

Graphisch interaktives Konstruieren ist heute die übliche Art der Konstruktion mit CAD, für die am Markt zahlreiche Lösungen angeboten werden. Um auch bei diesen in der Teilegestaltung sehr offenen Systemen rationellere Arbeitsabläufe zu erzielen, wurden die CAD-Systeme um Makros - z. B. Normteile und Formelemente wie Paßfedernuten erweitert, teilweise bereitgestellt durch den Systemanbieter oder erarbeitet durch den Anwender selber. Z. Z. laufen Entwicklungen, die häufigsten Normteile und Formelemente systemunabhängig zu standardisieren, z. B. beim DIN in Zusammenarbeit mit dem VDA (VDA-PS) und beim GKS-Verein in Zusammenarbeit mit CAD-Systemherstellern (NKS) / 16, 17, 18 /.
Ein heute verfügbares CAD-System, das den genannten speziellen Belangen einer Konstruktion von Kaltmassiv-Umformwerkzeugen Rechnung trägt, ist das bei der Forschungsgesellschaft Umformtechnik GmbH in Stuttgart entwickelte KONWERKA auf der Basis des CAD-Systems BRAVO 3 von APPLICON / 19 /.

Daneben ist eine Reihe von Programmen auf PC-Basis bekannt, die am Swinborne Institute of Technology in Melbourne/Australien entwickelt wurden / 20 /. Diese Lösung basiert auf der Zusammensetzung von Werkzeugeinzelteilen aus hohlzylinderförmigen Elementen (Primitives). Sie ist besonders auf eine kostengünstige Anwendung bei kleinen und mittleren Firmen ausgerichtet, die speziell Schrauben oder andere Befestigungselemente auf Mehrstufenpressen herstellen. Systeme auf PC-Basis bieten relativ viele Funktionen bei geringen Kosten, sind jedoch sowohl in ihrer Flexibilität als auch in der Tragweite hinsichtlich einer weitergespannten integrierten Betrachtungsweise eingeschränkt. Die Entscheidung für ein solches System ist damit in hohem Maß abhängig vom Umfeld und den Bedürfnissen des jeweiligen Anwenders.

Im Bereich der Konstruktion von Werkzeugen für die Blechumformung wurden eine Reihe von Programmen in unterschiedlichen Industriezweigen entwickelt, so z. B. von SIEMENS / 8 /, HELLA / 3 / und PHILIPS (PHILIKON) sowie an Instituten der Universitäten Stuttgart / 5 / und Bochum / 21 /. Vorwiegend handelt es sich um die Konstruktion von Folge-Verbundwerkzeugen unter Berücksichtigung der Zuschnittsoptimierung des Blechstreifens - der Schachtelung - und der Festlegung der einzelnen Arbeitsschritte. Aus diesen oft vielstufigen Blechstreifen-Layouts werden Matrizen- und Stempeldurchbrüche abgeleitet und in die verschiedenen Platten der zumeist standardisierten Werkzeugkonstruktionen übertragen. PHILIKON wurde speziell für solche Aufgaben entwickelt, während sich die anderen Lösungen vorhandener CAD-Systeme bedienen: Siemens auf der Basis von CADIS, HELLA auf der Basis von CODEM und die Lösungen der Hochschulinstitute auf der Basis von PROREN 1.

Für die Konstruktion von Druckgußwerkzeugen und Spritzwerkzeugen für Kunststoffe, aufbauend auf Normalien, wurden von Normalienherstellern spezielle CAD-Pakete entwickelt, die auch als stand-alone-Lösung verwendbar sind. Sie lassen zwar eine sehr effektive Nutzung zu, schränken deren Anwendungsmöglichkeiten jedoch auf dieses Gebiet ein / 22 /.

Ohne eine Einbindung in ein umfassenderes CAD-System zur Konstruktion von Werkzeugen wurde speziell für das Zeichnen von Rotationsteilen DETAIL 2 entwickelt, bei dem der Benutzer mit besonderen Sprachworten das Teil beschreibt, woraus eine automatisch bemaßte Einzelteilzeichnung entsteht / 23 /.

Wie vorangehend dargestellt, sind in verschiedenen Gebieten deutliche Fortschritte in der Anwendung von CAD erzielt worden. Bei der Konstruktion von Werkzeugen für die Kaltmassivumformung ist der Einsatz von CAD jedoch noch unbefriedigend.

1.2   Zielsetzung

Ziel der vorliegenden Arbeit war die Entwicklung eines interaktiven, rechnergestützten modularen Systems zur Konstruktion von Werkzeugen für die Kalt-Massivumformung auf der Basis eines vorhandenen CAD-Systems. Dabei waren vorhandene Berechnungsmodule einzubinden und das System in eine bestehende Infrastruktur zu integrieren.

Das System war so zu gestalten, daß durch eine weitgehende Benutzerführung die Handhabung sich auch für einen nicht speziell im Hinblick auf CAD ausgebildeten Konstrukteur eignet.

Die heute noch üblicherweise getrennt betrachteten Systeme der vorgelagerten Arbeitsplanung, spezieller Berechnungsprogramme oder der nachfolgenden NC-Programmierung von Werkzeug-Einzelteilen sollten integriert oder zumindest durch geeignete Schnittstellen angebunden werden. Damit soll die Voraussetzung für eine Integration in einen übergeordneten, unternehmensweiten Daten- und Informationsfluß (CIM), wie er in Bild 6 dargestellt ist, geschaffen werden.

Die Darstellung zeigt in einem planungsbezogenen, vertikalen Ablauf von Unternehmensfunktionen die einzelnen Schritte von der Unternehmensplanung über die Produktentwicklung und -konstruktion hin zur Betriebsmittelkonstruktion und - fertigung. Mit diesem Ablauf geht einher ein Datenfluß, der in hohem Maße aus geometrischen Daten besteht, und der im Bereich der Betriebsmittel- und Werkzeugkonstruktion, bzw. -fertigung vielfach seine größte Mächtigkeit hat. Horizontal sind die auftrags- und materialflußbezogenen Funktionen dargestellt, die Kette Produktionsprogrammplanung, Disposition und Einkauf, bzw. die Fertigungssteuerung, Fertigung und Montage mit anschließendem Vertrieb sowie die parallel dazu angeordneten Funktionen Instandhaltung und Qualitäts- bzw. Prozeßsicherung.

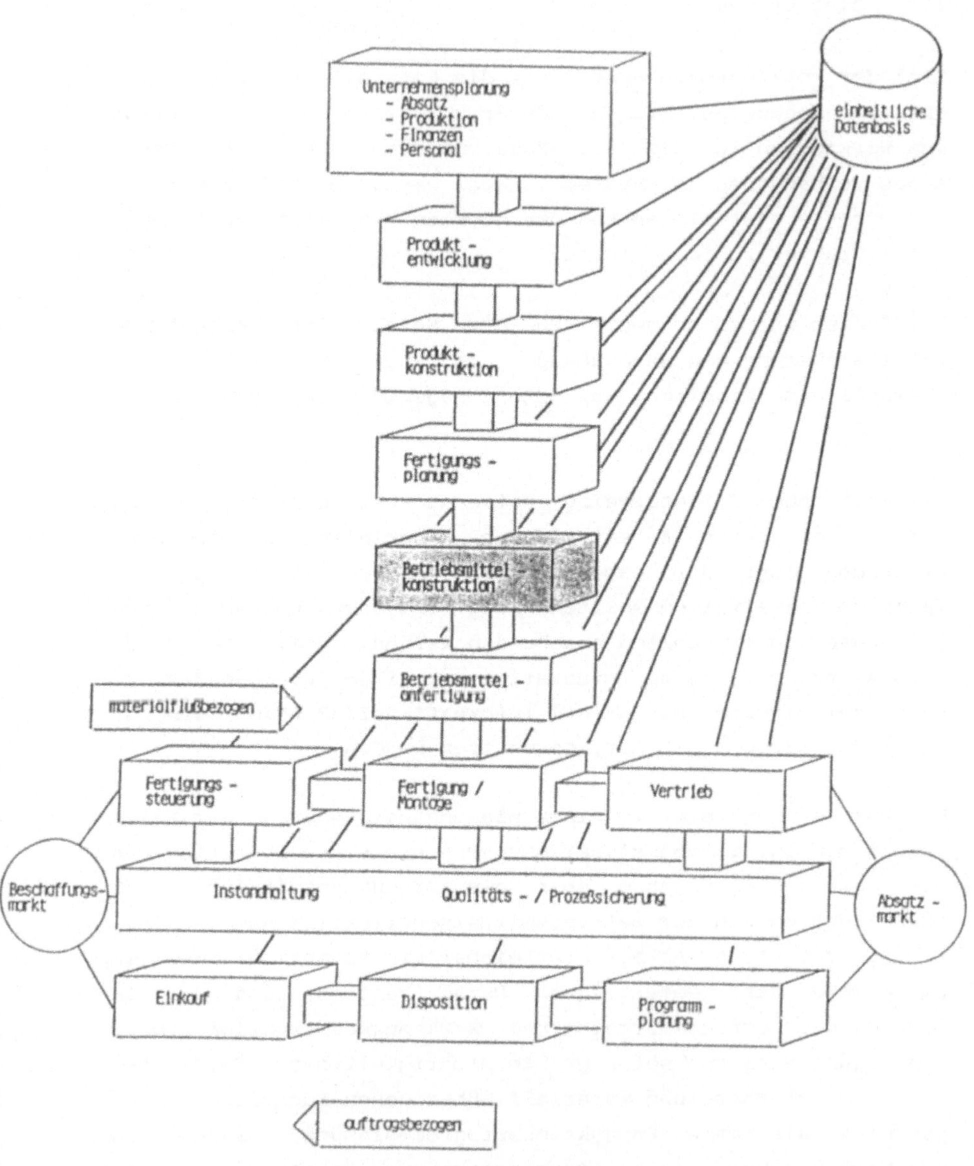

Bild 6: Die Betriebsmittel- und Werkzeugkonstruktion im betrieblichen Datenfluß, in Anlehnung an / 24 /.

2.   Datenfluß bei der Konstruktion von Umformwerkzeugen

Während in Bild 6 die Werkzeugkonstruktion innerhalb des
Gesamt-Datenflusses des Betriebs dargestellt ist, zeigt
Bild 7 den Datenfluß innerhalb der Werkzeugkonstruktion und
die Schnittstellen zu vor- und nachgelagerten betrieblichen
Funktionen. Dabei ist es unerheblich, ob die Werkzeugkonstruktion konventionell oder mit der Hilfe von CAD durch-
geführt wird.

Eine Analyse des dargestellten Informationsflusses läßt erkennen, daß im Informationsfluß vorzugsweise Geometriedaten
übermittelt werden.

Im Regelfall kann bei der Werkzeugkonstruktion davon ausgegangen werden, daß die der eigentlichen Konstruktion vorge-
schalteten Arbeitsschritte, wie die Beschreibung des gewünschten Fertigteils, die Auswahl des Herstellverfahrens,
die eventuell erforderliche Anpassung der Fertigteilgeometrie
an das Verfahren und die Festlegung der einzelnen Verfahrensschritte, wie Oberflächen- und Wärmebehandlung, von den dafür
zuständigen Bearbeitern in der Arbeitsvorbereitung erledigt
worden sind. Diese Bearbeitung kann konventionell oder
gegebenenfalls mit Rechnerunterstützung erfolgen / 25, 26 /.
Diese hierbei ermittelte Stadienfolge mit der Festlegung der
einzelnen Umformstufen liegt als detaillierte, geometrische
Beschreibung der einzelnen Umformstufen vor.

Die ersten Schritte des Werkzeugkonstrukteurs sind dann die
Grobgestaltung der Werkzeuge unter Nutzung vorhandener
Standards und parallel dazu gegebenenfalls die Berechnung der
für den Konstrukteur relevanten Werkstückkenngrößen, sofern
diese nicht bereits bei der Festlegung der Verfahrensschritte
ermittelt wurden. Dabei ist eventuell die Verwendung von
Dateien mit Werkstoffdaten und Verfahrensdaten erforderlich,
wie auch eine Simulation des Umformvorganges.

Aus Geometrien und Kräften pro Umformstufe wird der Werkzeugkonstrukteur die Geometrie der aktiven Werkzeugteile ableiten
und deren Beanspruchungen. Unter Nutzung von Normteildateien
und Wiederholteildateien sowie von Werkzeug-Werkstoff-Dateien
wird er die Geometrie der Werkzeugwechselteile festlegen und
die Schrumpfverbände dimensionieren. Aus einer Berechnung der
Werkzeugverformungen unter Last lassen sich erforderlichenfalls Vorverzerrungen der aktiven Werkzeugteile ableiten, die
dann in der Detaillierung der Werkzeugkonstruktion berücksichtigt werden.

Die dabei entstehenden Zeichnungen oder CAD-Datenmodelle sind
die Grundlage sowohl für die inzwischen häufig nachfolgende
eventuell mit CAD gekoppelte NC-Programmierung zur Herstellung aller Werkzeugeinzelteile, wie auch für die entsprechende Arbeitsplanung.

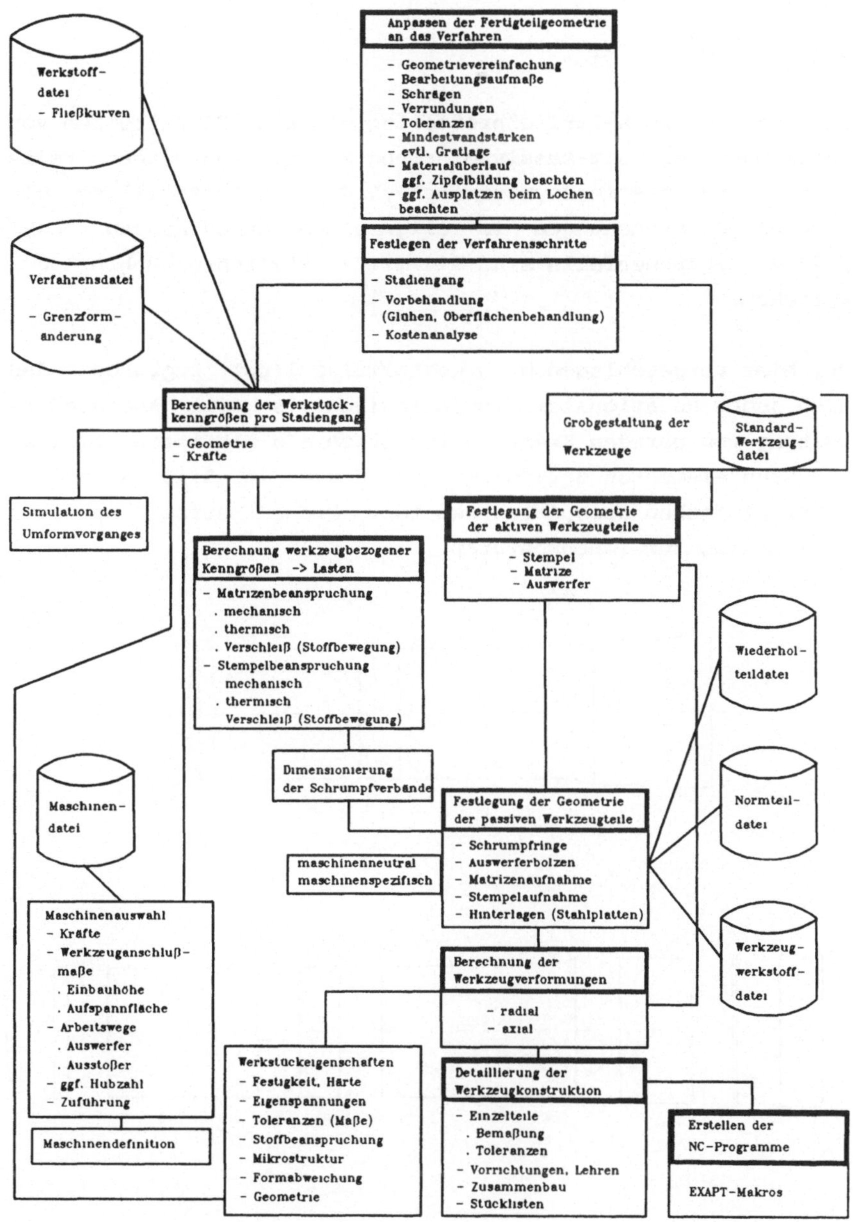

Bild 7: Datenfluß und Arbeitsschritte in der Werkzeugkonstruktion

3. Grundlagen der Vorgehensweise

3.1 Teilestruktur

Die Analyse von Kaltfließpreßteilen wie auch Einzelteilen von Werkzeugen der Kalt-Massivumformung zeigt, daß diese Teile überwiegend rotationssymmetrisch sind, eine Feststellung, die sich mit Untersuchungen im allgemeinen Maschinenbau deckt / 27 /. Gegebenenfalls sind sie mit zusätzlichen Bohrbildern versehen.

Der hier vorgeschlagenen Vorgehensweise liegt zugrunde, daß sich jedes Rotationsteil morphologisch als eine Aneinanderreihung von geraden Kreiskegelstümpfen als kleinsten flexiblen Grundelementen darstellen läßt, wie in Bild 8 anhand eines einfachen Beispiels gezeigt. Diese Betrachtungsweise gilt analog für Innenkonturen.

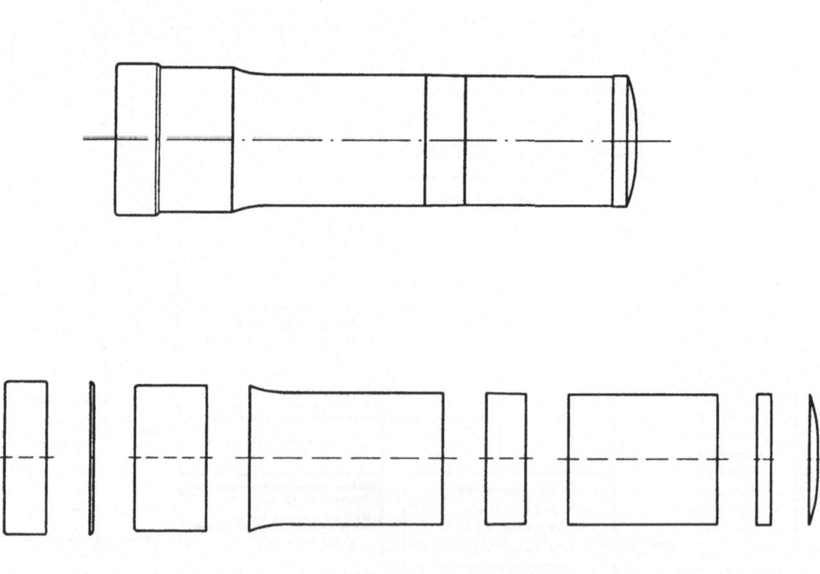

Bild 8:   Morphologie   eines   Rotationsteils   (Analyse)

Drei Hauptparameter - die Länge, ein Enddurchmesser und der
Kegelwinkel - bzw. insgesamt fünf Geometrieparameter - die
drei Hauptparameter sowie die Verrundungsradien an beiden
Enden sind notwendig und hinreichend zur vollständigen
Geometriebeschreibung eines solchen Kegelstumpfes. Bei
positivem Vorzeichen des Kegelwinkels nimmt der Kegelstumpf
die in Bild 9 dargestellte Form an.

Das gilt gleichermaßen für die Beschreibung von Innenkonturen. Die Geometrieparameter werden ergänzt um die erforderlichen Toleranzangaben - ebenfalls in Bild 9 dargestellt - sowie um technologische Attribute wie z. B. Oberflächenangaben.

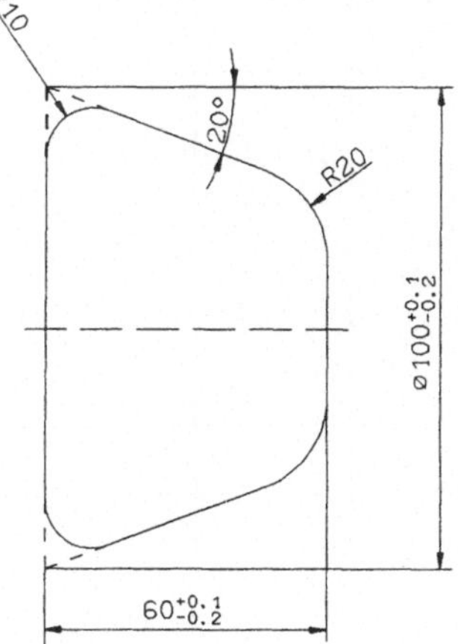

Durchmesser	:	100,0 mm
obere Toleranz des Durchmessers	:	0,1 mm
untere Toleranz des Durchmessers	:	- 0,2 mm
Länge	:	60,0 mm
obere Toleranz der Länge	:	0,1 mm
untere Toleranz der Länge	:	- 0,2 mm
Kegelwinkel	:	20 Grad
Radius auf der linken Seite	:	10,0 mm
Radius auf der rechten Seite	:	20,0 mm
Oberflächengüte	:	1

Bild 9: Grundelement von Rotationsteilen

Die Voraussetzung für die Darstellung aller denkbaren Teil-
elemente von rotationssymmetrischen Werkstücken ist, daß alle
Parameter jeden beliebigen positiven Wert annehmen können, im
Sonderfall auch Null sowie beim Kegelwinkel negative Werte,
wie in Bild 10 dargestellt.

Das auf diese Weise mit wenigen Parametern definierte Grundelement ist ebenso einfach wie beliebig gestaltbar.

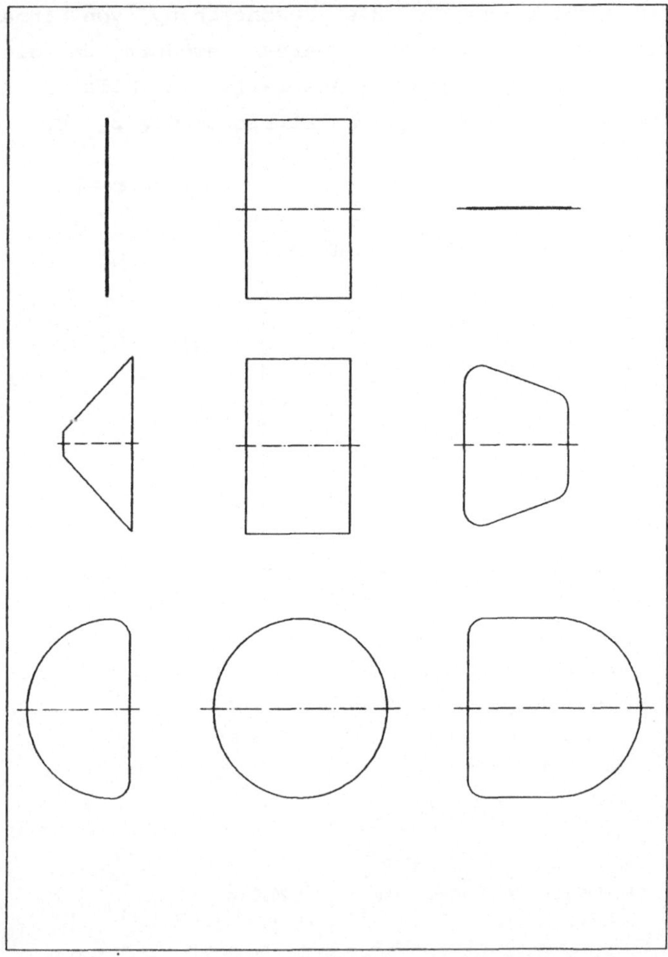

Bild 10: Variationsmöglichkeiten des Grundelements

Die Darstellung von Rotationsteilen erfordert nun, die vorangehend beschriebenen Grundelemente wieder zu einem Gesamtteil zu verknüpfen.

Dabei müssen sich die Grundelemente - die Kegelstümpfe - beliebig aneinanderreihen lassen. Voraussetzung dafür ist, daß die Verrundungsradien stets als Übergangsradien ausgebildet werden. Ob dabei ein Radius konvex oder konkav auszubilden ist, wird automatisch aus dem Verhältnis der Durchmesser der zu verknüpfenden Kegelstümpfe abgeleitet, wie in den Bildern 12 und 13 dargestellt. Das in Bild 13 dargestellte Teil unterscheidet sich maßlich von dem in Bild 12 dargestellten nur durch die Veränderung des Durchmessers des zweiten Kegelstumpfes und der daraus resultierenden Anpassung der Verrundungsradien. Analog dazu werden Innenkonturen verknüpft, wie in Bild 11 gezeigt.

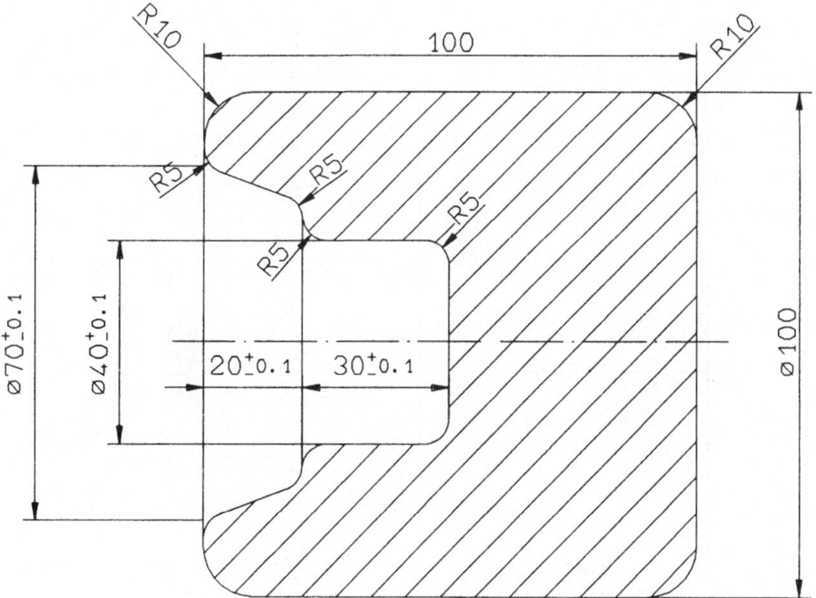

Bild 11:   Zwei Grundelemente verknüpft als Innenkontur

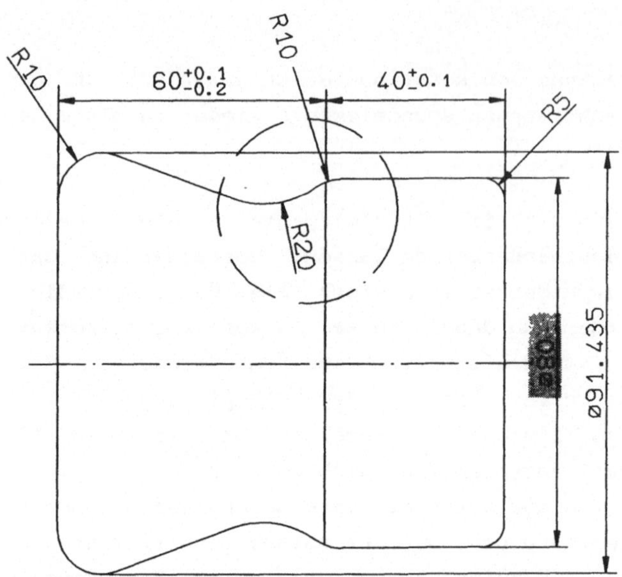

Bild 12:   Zwei Grundelemente verknüpft

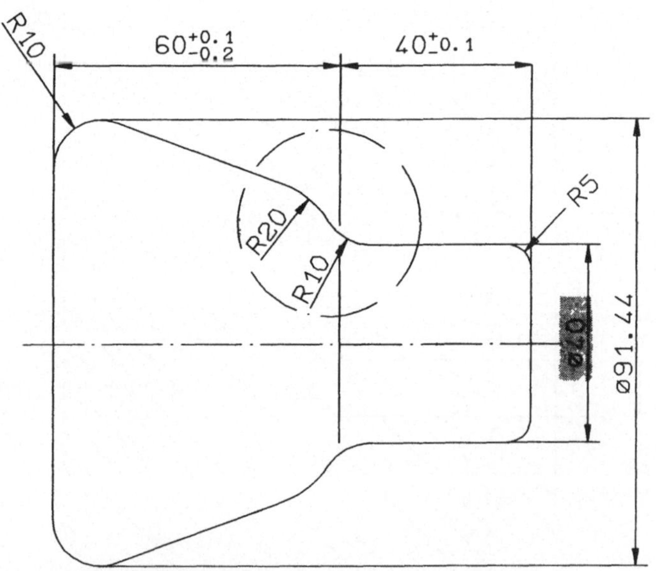

**Bild 13:   Zwei Grundelemente verknüpft, ein Durchmesser
            variiert**

Das analysierte Spektrum von Rotationsteilen weist häufig Standardbohrungen - z. B. Gewindelöcher, Durchgangslöcher, Bohrungen mit Senkung - auf, die auf Teilkreisen angeordnet sind. Es erscheint zweckmäßig, diese als Erweiterung zu berücksichtigen. Ein Beispiel ist in Bild 14 dargestellt.

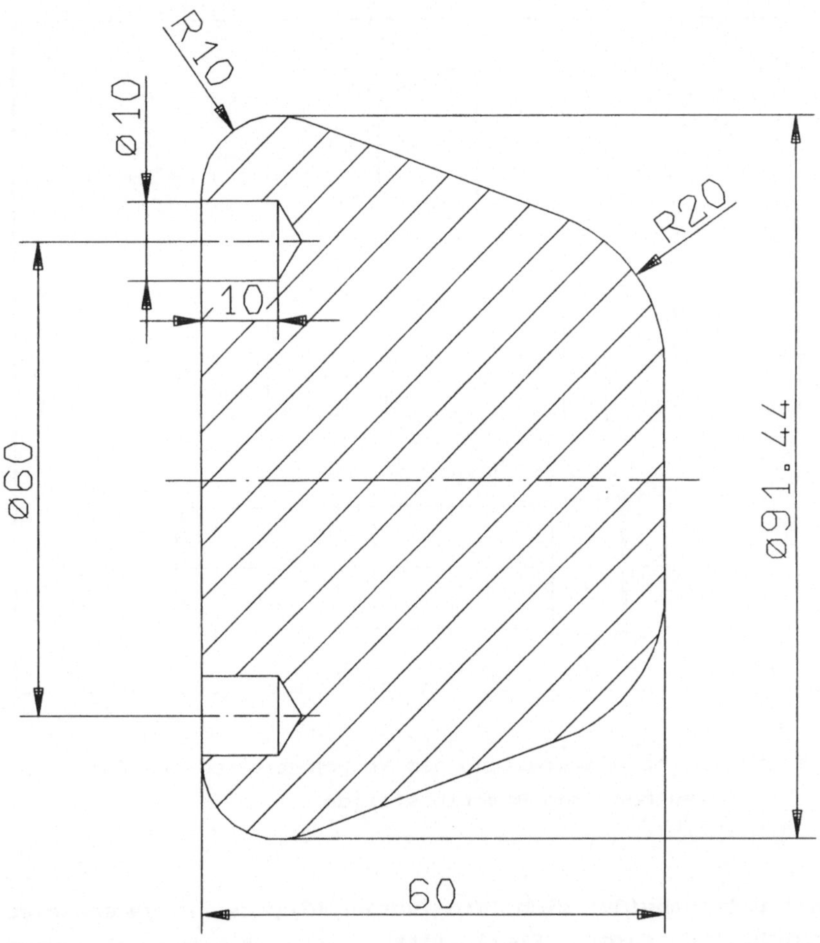

Bild 14: Grundelemente mit Standardbohrungen auf einem Teilkreis

Der dargestellte Denkansatz - das Auflösen von Rotationsteilen in beliebige Kegelstümpfe und deren nachfolgende Verknüpfung, wie in Bild 15 dargestellt, läßt die Definition von
Rotationsteilen unterschiedlicher Topologie zu, von denkbar
einfachen bis zu beliebig komplexen.

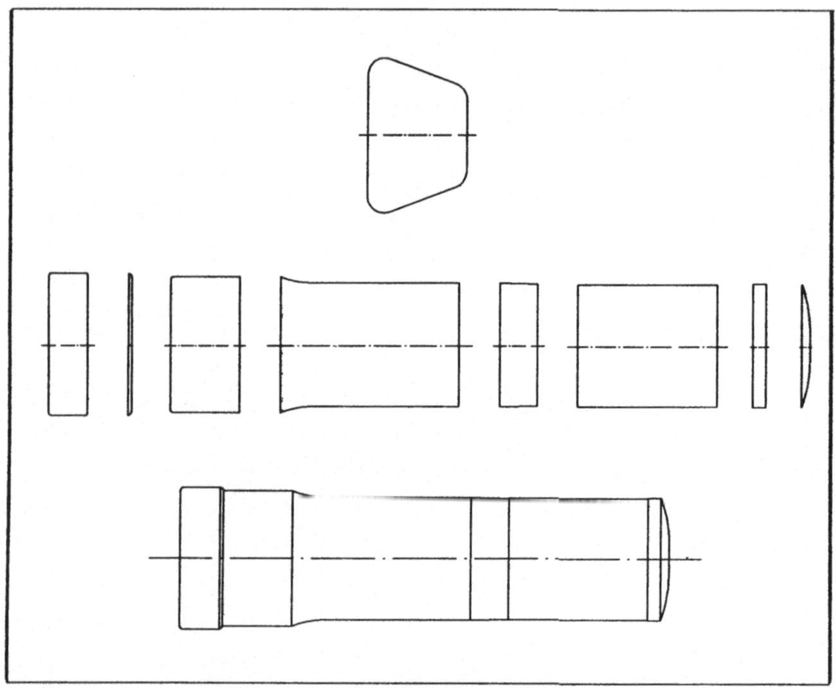

Bild 15: Prinzipdarstellung der Vorgehensweise bei der
Synthese von Rotationsteilen

Damit unterscheidet sich die vorgeschlagene Vorgehensweise
hinsichtlich ihrer Flexibilität von bisher bekannten
Variantenprogrammen, die nur geometrisch ähnliche Teile im
Rahmen eines vorher definierten Ablaufs zulassen. Für jede
weitere Teilefamilie ist bei Variantenprogrammen erneut
Programmieraufwand erforderlich.

Gegenüber anderen Ansätzen mit der Aneinanderreihung von "Primitives" - wie z. B. der in / 20 / beschriebene - unterscheidet sich diese Vorgehensweise hinsichtlich des wesentlich erweiterten darstellbaren Teilespektrums. Diese Überlegungen sind zunächst unabhängig von jedem CAD-System, sei es ein 2D-System oder ein 3D-System.

Das hier beschriebene Vorgehen ist beschränkt auf rotationssymmetrische Teile oder solche mit einer ergänzenden Bearbeitung parallel zur Mittelachse, z. B. Flanschbohrungen auf einem Teilkreis. Eingefräste Nuten oder Sechskante sind zunächst nicht berücksichtigt.

Mit Ausnahme der zumeist nicht rotationssymmetrischen Konturdurchbrüche entsprechen auch Komplettschneidwerkzeuge vielfach diesen Anforderungen. Eine Einbeziehung derartiger Durchbrüche in die hier vorgeschlagene Teiledefinition könnte das Anwendungsspektrum deutlich erweitern, ist jedoch nicht Inhalt dieser Arbeit.

3.2   Datenstruktur

Die vorgeschlagene Vorgehensweise, das Auflösen von Rotationsteilen in beliebige Kegelstümpfe, gestattet nun die Definition eines Rotationsteils durch die Gesamtmenge der die Kegelstümpfe definierenden Parameter. Voraussetzung dafür ist, daß die Ablage der Parameter nach einem eindeutigen Ordnungsschema erfolgt. Zur Eindeutigkeit des Ordnungsschemas gehört zwangsläufig die Festlegung einer Beschreibungsrichtung, die hier für Außenkonturen von links nach rechts gewählt wurde und für Innenkonturen jeweils von außen nach innen. Auch diese Datenstruktur ist unabhängig von einem CAD-System.

Für das betrachtete Teil werden die folgenden Daten gespeichert, wie in den Bildern 16 bis 19 dargestellt:

- Identnummer des Einzelteils,
- Code für Teilefamilien,
- Code für den Werkstoff, gegebenenfalls
  einschließlich der eventuell erforderlichen
  Wärmebehandlungsvorschrift

und für das Grundelement selbst

- laufende Nummer,
- Durchmesser,
- obere Toleranz des Durchmessers,
- untere Toleranz des Durchmessers,
- Länge,
- obere Toleranz der Länge,
- untere Toleranz der Länge,
- Kegelwinkel,
- Radius auf der linken Seite,
- Radius auf der rechten Seite,
- Codenummer für die Darstellungsart, z. B. Außenkontur,
- Oberflächengüte.

Nachfolgend werden anhand von Beispielen die Datensätze

- eines Grundelements (Bild 16),
- eines einfachen Rotationsteils (Bild 17),
- eines Rotationsteils mit Innenkontur (Bild 18),
- eines Rotationsteils mit Bohrungen auf dem Teilkreis
  (Bild 19),

erläutert.

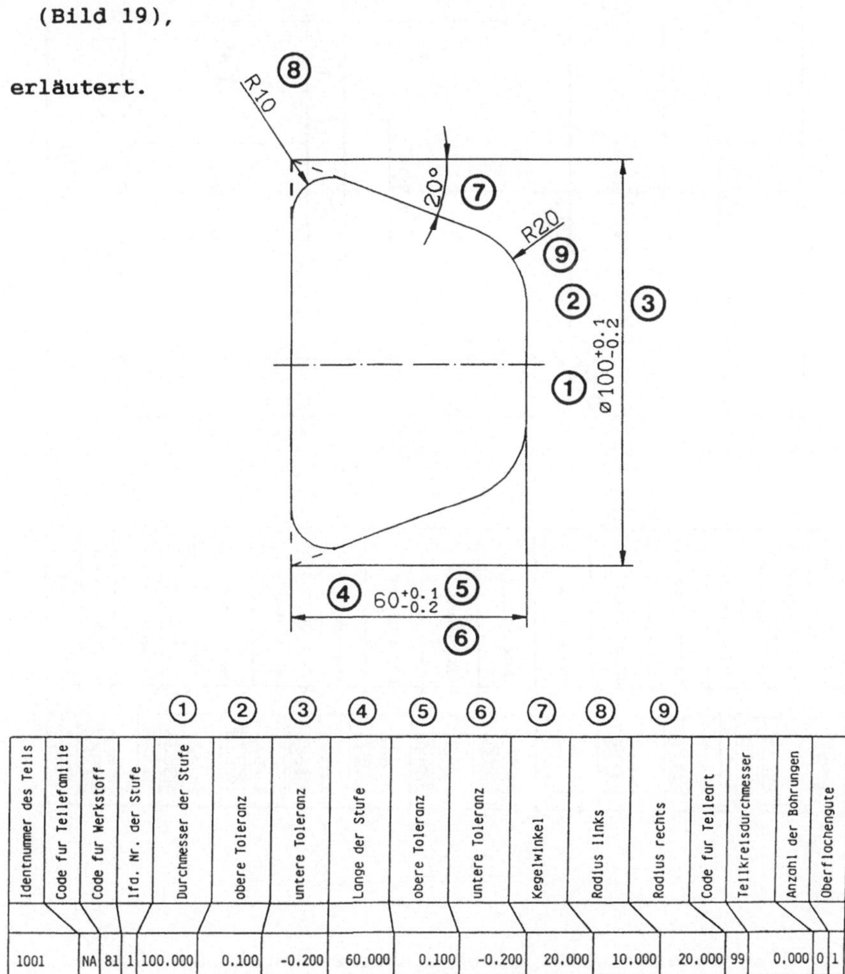

Identnummer des Teils	Code fur Teilefamilie	Code fur Werkstoff	lfd. Nr. der Stufe	Durchmesser der Stufe ①	obere Toleranz ②	untere Toleranz ③	Lange der Stufe ④	obere Toleranz ⑤	untere Toleranz ⑥	Kegelwinkel ⑦	Radius links ⑧	Radius rechts ⑨	Code fur Teileart	Teilkreisdurchmesser	Anzahl der Bohrungen	Oberflachengute
1001	NA	81	1	100.000	0.100	-0.200	60.000	0.100	-0.200	20.000	10.000	20.000	99	0.000	0	1

Bild 16: Datenstruktur eines Grundelements

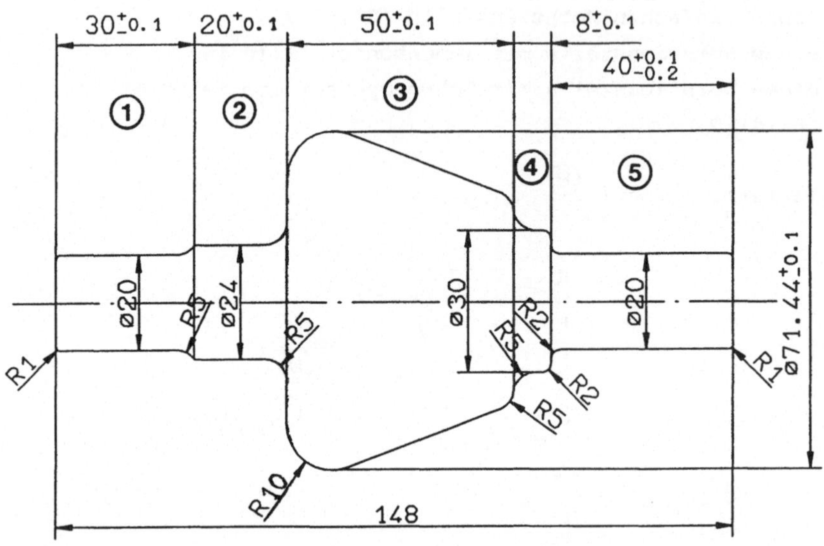

Identnummer des Teils	Code für Teilefamilie	Code für Werkstoff	lfd. Nr. der Stufe	Durchmesser der Stufe	obere Toleranz	untere Toleranz	Länge der Stufe	obere Toleranz	untere Toleranz	Kegelwinkel	Radius links	Radius rechts	Code für Teileart	Teilkreisdurchmesser	Anzahl der Bohrungen	Oberflächengüte
1007	NA	81	1	20.000	0.100	-0.100	30.000	0.100	-0.100	0.000	1.000	5.000	99	0.000	0	1
1007	NA	81	2	24.000	0.100	-0.100	20.000	0.100	-0.100	0.000	1.000	5.000	99	0.000	0	1
1007	NA	81	3	80.000	0.100	-0.100	50.000	0.100	-0.100	20.000	10.000	5.000	99	0.000	0	1
1007	NA	81	4	30.000	0.100	-0.100	8.000	0.100	-0.100	0.000	5.000	2.000	99	0.000	0	1
1007	NA	81	5	20.000	0.100	-0.100	40.000	0.100	-0.200	0.000	2.000	1.000	99	0.000	0	1

Bild 17: Datenstruktur eines einfachen Rotationsteils (Welle)

Der Datensatz für Innenkonturen unterscheidet sich von dem für Außenkonturen lediglich durch eine andere Codenummer für die Darstellungsart. Ein Beispiel ist in Bild 18 dargestellt.

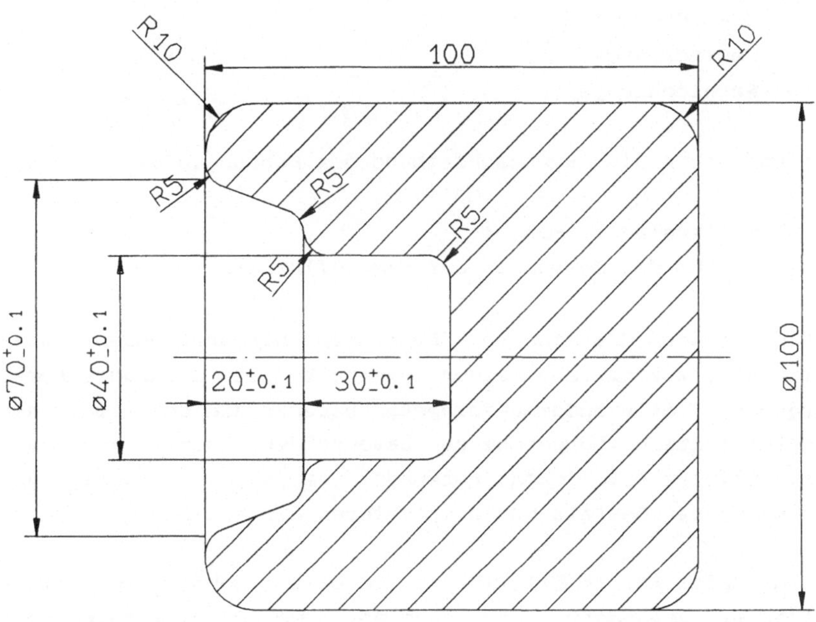

Identnummer des Teils	Code für Teilefamilie	Code für Werkstoff	lfd. Nr. der Stufe	Durchmesser der Stufe	obere Toleranz	untere Toleranz	Länge der Stufe	obere Toleranz	untere Toleranz	Kegelwinkel	Radius links	Radius rechts	Code für Teileart	Teilkreisdurchmesser	Anzahl der Bohrungen	Oberflächengüte
1004	NA	81	1	100.000	0.000	0.000	100.000	0.000	0.000	0.000	10.000	10.000	0	0.000	0	1
1004	NA	81	2	70.000	0.100	-0.100	20.000	0.100	-0.100	20.000	5.000	5.000	1	0.000	0	1
1004	NA	81	3	40.000	0.100	-0.100	30.000	0.100	-0.100	0.000	5.000	5.000	1	0.000	0	1

Bild 18: Datenstruktur eines Rotationsteils mit Innenkontur

Der Datensatz für Standardbohrungen, die auf Teilkreisen angeordnet sind, enthält zunächst die Parameter zur Definition der Bohrung, z. B. bei einem Gewinde

- Codenummer für den Bohrungstyp,
- Gewindedurchmesser,
- Gewindelänge,
- Kernlochlänge,

und weiterhin die Lagebeschreibung der Bohrungen mit

- Teilkreisdurchmesser,
- Anzahl der Bohrungen auf dem Teilkreis.

Für die beiden die Lage von Bohrungen beschreibenden Parameter sind zusätzliche Felder innerhalb des Ordnungsschemas vorgesehen, alle anderen Parameter belegen die sonst für die Kegeldefinition vorgesehenen Datenfelder. Damit kann ein einheitliches Datenformat verwendet werden, unabhängig von der konkreten Gestalt des betrachteten Einzelteils.

Ein Beispiel ist in Bild 19 dargestellt, wobei die Datenfelder mit veränderter Bedeutung entsprechend gekennzeichnet sind. Alle ein Einzelteil beschreibende Daten werden in dem dieser Arbeit zugrundeliegenden Programm jeweils in einer eigenen Datei innerhalb der vorhandenen CAD-Umgebung verwaltet.

Zusammenfassend wird in Bild 20 ein Beispiel dargestellt, das alle vorstehend aufgezeigten Varianten von Datensätzen enthält.

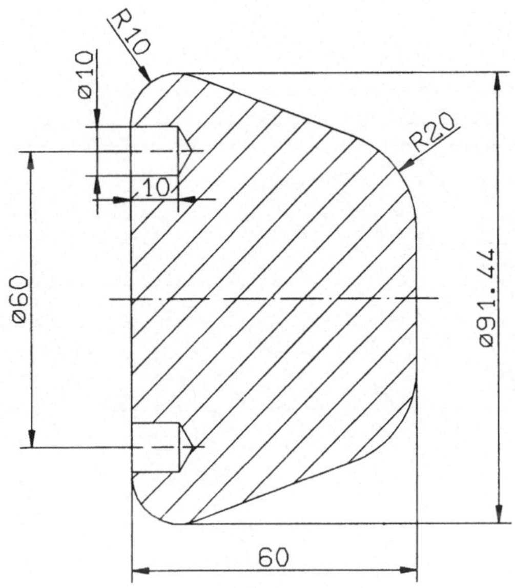

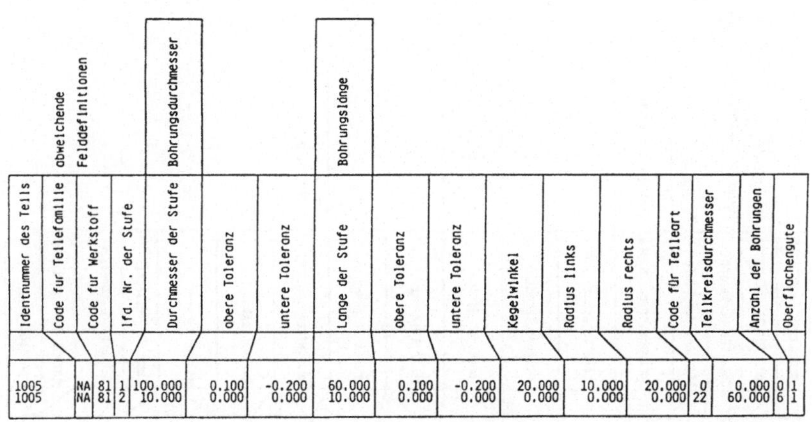

Identnummer des Teils	Code für Teilefamilie	Code für Werkstoff	lfd. Nr. der Stufe	Durchmesser der Stufe	obere Toleranz	untere Toleranz	Länge der Stufe	obere Toleranz	untere Toleranz	Kegelwinkel	Radius links	Radius rechts	Code für Teileart	Teilkreisdurchmesser	Anzahl der Bohrungen	Oberflächengüte
1005	NA	81	1	100.000	0.100	-0.200	60.000	0.100	-0.200	20.000	10.000	20.000	0	0.000	0	1
1005	NA	81	2	10.000	0.000	0.000	10.000	0.000	0.000	0.000	0.000	0.000	22	60.000	6	1

Bild 19: Datenstruktur eines Rotationsteils mit Bohrungen auf einem Teilkreis

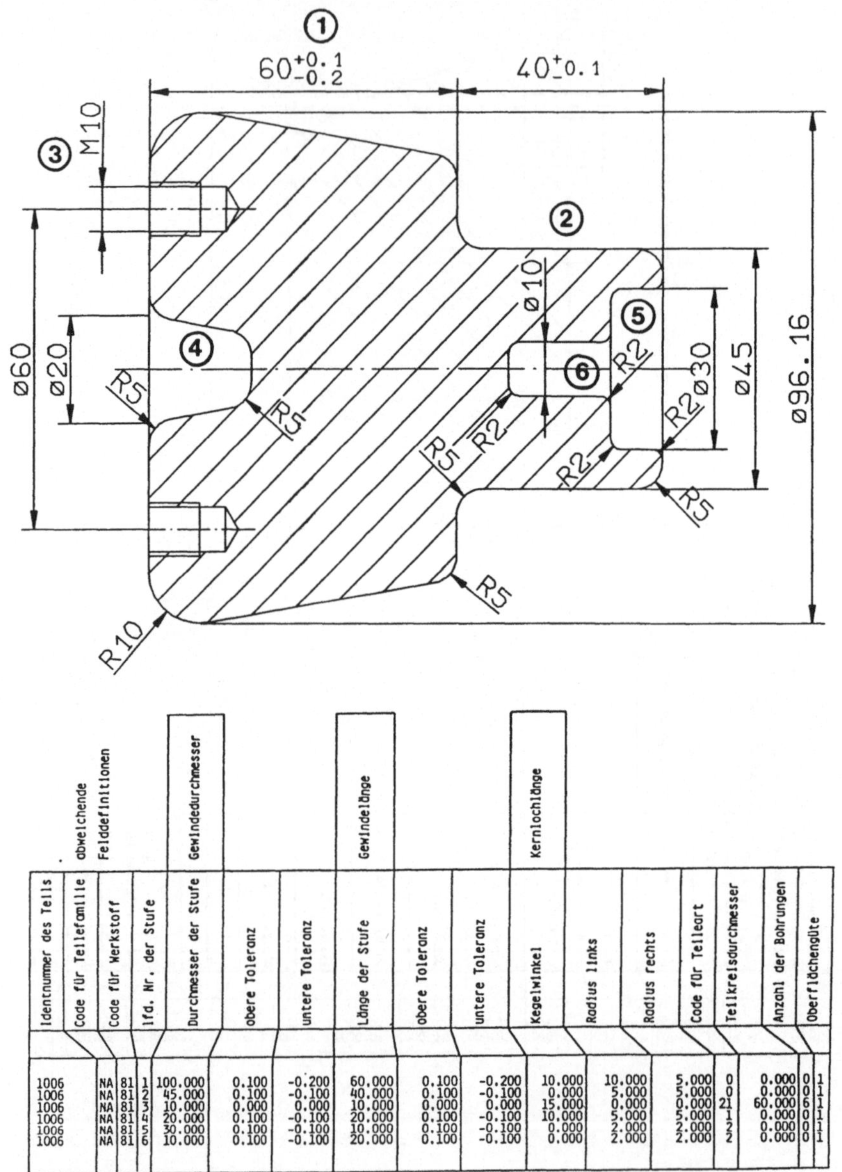

Identnummer des Teils	Code für Teilefamilie	Code für Werkstoff	lfd. Nr. der Stufe	Durchmesser der Stufe (Gewindedurchmesser)	obere Toleranz	untere Toleranz	Länge der Stufe (Gewindelänge)	obere Toleranz	untere Toleranz	Kegelwinkel (Kernlochlänge)	Radius links	Radius rechts	Code für Teileart	Teilkreisdurchmesser	Anzahl der Bohrungen	Oberflächengüte
1006	NA	81	1	100.000	0.100	-0.200	60.000	0.100	-0.200	10.000	10.000	5.000	0	0.000	0	1
1006	NA	81	2	45.000	0.100	-0.100	40.000	0.100	-0.100	0.000	5.000	5.000	0	0.000	0	1
1006	NA	81	3	10.000	0.000	0.000	10.000	0.000	0.000	15.000	0.000	0.000	21	60.000	6	1
1006	NA	81	4	20.000	0.100	-0.100	20.000	0.100	-0.100	10.000	5.000	5.000	1	0.000	0	1
1006	NA	81	5	30.000	0.100	-0.100	10.000	0.100	-0.100	0.000	2.000	2.000	2	0.000	0	1
1006	NA	81	6	10.000	0.100	-0.100	20.000	0.100	-0.100	0.000	2.000	2.000	2	0.000	0	1

Bild 20: Datenstruktur eines allgemeinen Rotationsteils

Während die Codierung nach Teilefamilien den unmittelbaren Rückgriff auf alle Mitglieder dieser Teilefamilie gestattet, läßt die vorgesehene Datenstruktur darüber hinaus das Suchen nach allen im Ordnungsschema vorhandenen Merkmalen zu, gemäß einer nach DIN 4000 beschriebenen Sachmerkmalleiste / 28 /. Damit ist das Auffinden von ähnlichen Teilen unter der Voraussetzung möglich, daß Regeln für die Definition der Ähnlichkeit vorhanden sind, z. B. eine deutliche Ausweitung von Toleranzen. Für die Suche nach Ähnlichteilen ist somit kein zusätzlicher Aufwand für die Klassifikation von Einzelteilen mehr erforderlich.

Der hier dargestellten Datenstruktur liegt eine eindeutige und damit interpretierbare Zuordnung sowohl von Toleranzen als auch Oberflächenangaben zu den entsprechenden Teilekonturen zugrunde. Bei den meisten bekannten CAD-Systemen sind zwar in den Zeichnungen Toleranzen und Oberflächenangaben symbolisch dargestellt, nicht aber mit der dazugehörenden Kontur logisch verknüpft.

Für eine weitergehende Nutzung der Daten, z. B. für die NC-Programmierung, ist diese logische Verknüpfung zwingend notwendig vor allem, wenn NC-Programme automatisch oder teilautomatisch erzeugt werden sollen.

3.3   Teiledarstellung in einem CAD-System

Beim interaktiven Konstruieren mit CAD setzt der Benutzer
nacheinander vom Menü des entsprechenden CAD-Systems ange-
botene Befehle - z. B. Linie, Viereck - mit den dazugehörenden Parametern an den Rechner ab und generiert somit
schrittweise das rechnerinterne Modell seines gewünschten
Teils.

Dieses Datenmodell beschreibt sowohl Gestalt als auch Abmessungen des Teils in einem CAD-systemspezifischen Format
oder kann erforderlichenfalls in ein CAD-Standardformat wie
IGES (Initial Graphics Exchange Specification) umgesetzt
werden. Auf Anforderung setzt das jeweilige CAD-System dieses
Datenmodell in eine Zeichnung um. Änderungen am Teil lassen
sich durchführen, indem in die gespeicherte Befehlsfolge oder
das Datenmodell eingegriffen wird oder diese um weitere
Befehle, wie Löschen von Elementen, Anfügen von Elementen,
ergänzt werden. Ein ähnliches Teil - eine spezifische
Variante - erhält man durch Kopieren der Befehlsfolge, bzw.
des Datenmodells eines vorhandenen Teils und nachfolgendes
Ändern einzelner Elemente.

Variantenprogramme unterscheiden sich vom interaktiven Konstruieren dadurch, daß die Teilegestalt von geometrisch ähnlichen Teilen - einer Teilefamilie - in einem definierten Ablauf - in Prozeduren - CAD-systemspezifisch vorgegeben ist.
Der Benutzer variiert durch Verändern von Parametern die Abmessungen eines Teils innerhalb zulässiger Grenzen, nicht jedoch seine prinzipielle Gestalt. Hieraus resultiert ein deut-
licher Rationalisierungseffekt gegenüber dem interaktiven
Konstruieren, nicht jedoch ohne Vorarbeiten. Normteile bieten
sich besonders für Variantenprogramme an. Veränderungen der
Teilefamilie oder neue Teilefamilien erfordern das Verändern
vorhandener oder das Schaffen neuer Prozeduren und damit oft
beträchtlichen Programmieraufwand.

Infolge der Einschränkung von Variantenprogrammen auf geometrisch ähnliche Teile ist es erforderlich, für das breite Spektrum von Teilefamilien, erheblichen Programmieraufwand für derartige Variantenprogramme zu treiben. Eine wesentliche Reduzierung dieses Aufwandes gelänge, wenn man sich von der Einschränkung geometrisch ähnlicher Teile lösen könnte.

Eine Prozedur, die dieser Einschränkung nicht mehr unterliegt, wurde in dieser Arbeit auf Basis des CAD-Systems PROREN 1 entwickelt und in ein Programm umgesetzt.
Unabhängig von der prinzipiellen Teilegestalt werden die Parameter des in Kegelstümpfe aufgelösten Rotationsteils - abgelegt in einer Datei wie dargestellt - ohne weiteren Zugriff interpretiert, so daß das Teil als Zeichnung ausgegeben werden kann. Voraussetzung ist, daß das gewählte CAD-System Verknüpfungen von Teilelementen zuläßt und gegenüber der Entartung von Parametern zu Null tolerant ist. Damit hat sich der Aufwand für die Erstellung von Variantenprogrammen auf die Definition einzelner Parameter und gegebenenfalls deren Abhängigkeiten untereinander reduziert. Dies bedeutet eine weitere deutliche Rationalisierung gegenüber herkömmlichen Variantenprogrammen.

Die ausgegebenen Zeichnungen werden in ihren Hauptabmessungen automatisch bemaßt, wahlweise als Bezugsbemaßung oder als Kettenbemaßung. Die Bemaßung enthält als Hauptabmessungen den größten Durchmesser und die größte Länge, die Längen der einzelnen Grundelemente des Teils einschließlich der Toleranzen sowie alle Radien.

Dargestellt wird ein Wellenteil oder ein Schnitt durch das Teil. Sollten Seitenansichten erforderlich sein, können diese ebenfalls aus der vorhandenen Datenstruktur abgeleitet und zeichnerisch dargestellt werden; sie wurden jedoch im Rahmen der vorliegenden Arbeit nicht realisiert.

Das entwickelte Programm läßt sich mit entsprechendem Aufwand auch auf andere CAD-Systeme übertragen, sofern diese das Verknüpfen von Konturen zulassen, Funktionen zum Verrunden von Radien enthalten und tolerant sind gegenüber der Besetzung von Parametern mit Null. PROREN 1 erfüllt die genannten Voraussetzungen.

Sowohl Umformteile als auch die entsprechenden Verschleißteile der Werkzeuge weisen häufig Radienübergänge auf. In einer CAD-Konstruktion liegt grundsätzlich eine gewisse Problematik in solchen Radienübergängen, bei denen die halbe Differenz zweier aneinanderstoßender Durchmesser kleiner ist als die Summe der einbezogenen Verrundungsradien. Der dem jeweiligen CAD-System zugrundeliegende Verrundungsalgorithmus führt bei unterschiedlicher Abarbeitungsfolge der betroffenen Verrundungen zu einer Versetzung des Wendepunktes, wie in Bild 21 dargestellt. In der Praxis wird das zwar nur relevant bei solchen Teilen, bei denen Spiegelsymmetrie verlangt wird, muß aber im Hinblick auf eine eindeutige Teilebeschreibung beachtet werden. Abhilfe kann die Festlegung einer Beschreibungsrichtung sein. Z. Z. entwickelt die Arbeitsgruppe des Verfassers Algorithmen, diese Verrundungen eindeutig und unabhängig von der Beschreibungsrichtung zu definieren, vor allem bei mehreren ineinander übergehenden Radien. Die Lösung dieser Probleme ist notwendig, im Rahmen der vorliegenden Arbeit jedoch nicht relevant.

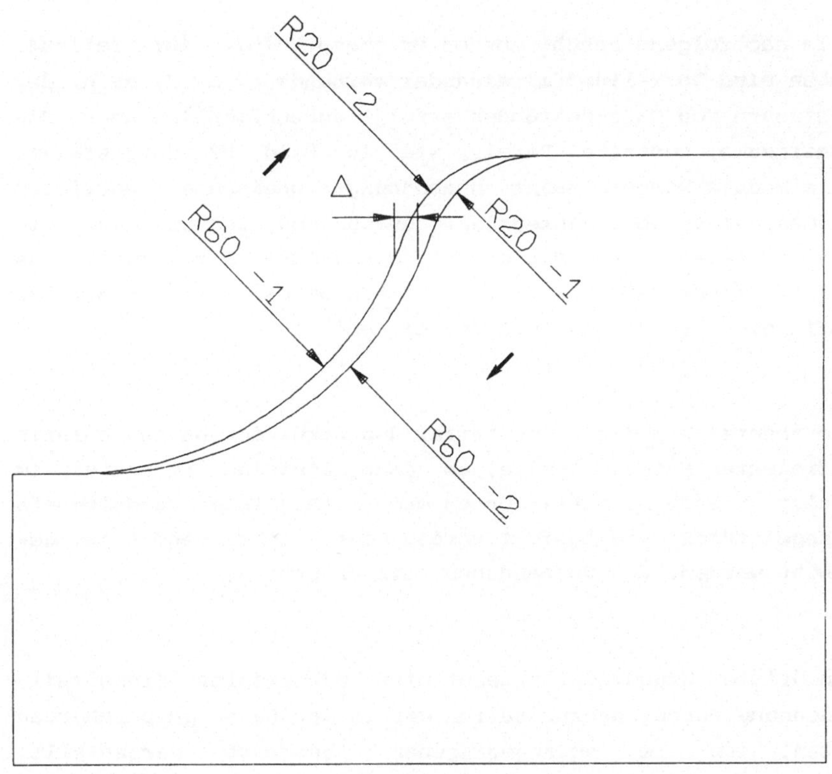

Bild 21: Auswirkung der Abarbeitungsreihenfolge von Verrundungen in einem CAD-System

3.4 Programmstruktur

Zentrales Element des hier entwickelten Programms ist die Datei, die alle Parameter enthält, mit denen Rotationsteile gemäß der dargestellten Vorgehensweise definiert werden.

Alle nachfolgend beschriebenen Programm-Module für Teilaufgaben sind "off-line" miteinander verbunden / 29 /, d. h. der Austausch von Datenbeständen erfolgt ausschließlich über die gemeinsame, zentrale Datei, wie in Bild 22 dargestellt. Alle Module können damit unabhängig voneinander betrieben werden, sind aber integriert durch den Zugriff auf die gleiche Datenbasis. Ein erster Grundmodul unterstützt das Füllen dieser Datei im Dialog, um ein neues Rotationsteil zu definieren. (- "Neues Teil definieren" -)

Ein anderer Grundmodul gestattet den Abruf der Daten bereits definierter Rotationsteile, um dann einzelne Parameter im Dialog zu ändern. Dabei können auch zusätzliche Grundelemente - Kegelstümpfe - eingefügt werden oder nicht benötigte gelöscht werden. (- "Vorhandenes Teil ändern" -)

Ein dritter Grundmodul erzeugt eine ausgewählte Einzelteilzeichnung durch Interpretation der in der Datei gespeicherten Daten, wie im vorangegangenen Abschnitt dargestellt. (- "Einzelteilzeichnung anfertigen" -)

Alle weiteren in Bild 22 dargestellten Module werden in späteren Abschnitten dieser Arbeit erläutert.

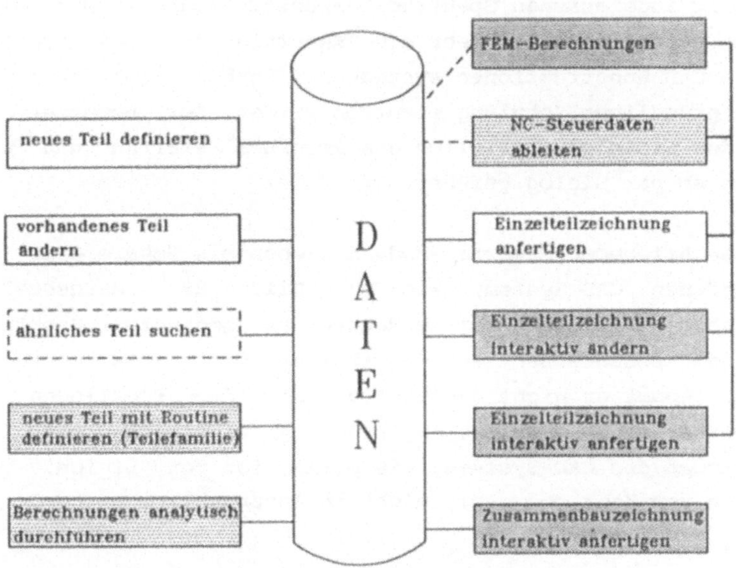

Bild 22: Programmstruktur

Bei der Programmentwicklung wurde Wert auf eine möglichst einfach handhabbare Benutzeroberfläche gelegt, so daß auch CAD-ungeübte Mitarbeiter nach kurzer Einarbeitung Rotationsteile im zugelassenen Spektrum bearbeiten können. Die Handhabung erfordert nicht mehr die Kenntnis der bei herkömmlichen CAD-Konstruktionen systemspezifischen Regeln, die erst durch gründliche Schulung erworben werden. Der Benutzer muß nach dem Einloggen lediglich das Programm starten und wird von da ab per Dialog geführt.

Die beschriebenen Programm-Module liegen als Schale über dem vorhandenen CAD-System, wie in Bild 23 dargestellt. Solange sich der Benutzer im Rahmen des genannten Spektrums mit dem Beschreiben und Darstellen von Rotationsteilen befaßt, kommt er nicht unmittelbar mit den Funktionen des unterlagerten CAD-Systems in Berührung; er nimmt wesentliche Funktionen des CAD-Systems, wie Definition von Linien, Verknüpfen von Konturen etc., nicht in Anspruch.

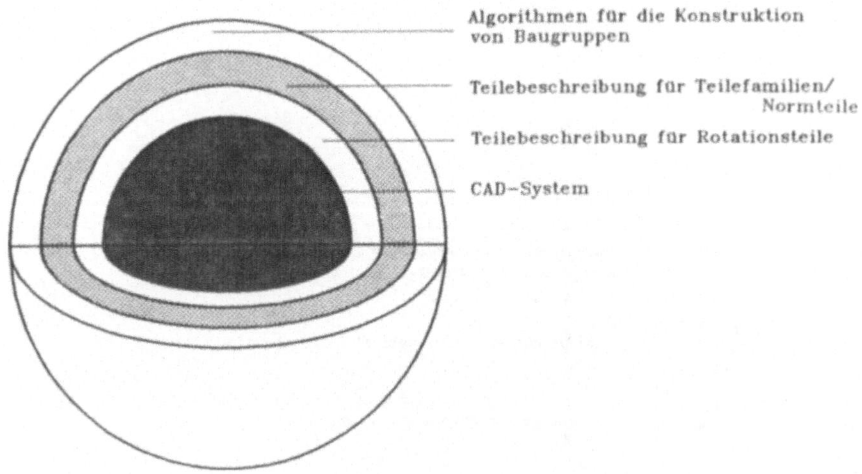

Bild 23: Schalen der Systemarchitektur

Der Beschreibungsaufwand kann zwar etwas umfangreicher als bei Variantenprogrammen sein, ist aber wesentlich geringer als bei der interaktiven Generierung von Teilen, wobei hier die Gestaltungsfreiheit wesentlich größer als bei Variantenprogrammen ist.

Für spezielle Teilefamilien, z. B. Normteile, kann der ohnehin geringe Beschreibungsaufwand durch teilespezifische Module nochmals reduziert werden, die nur noch wenige Grundparameter offen lassen und den größten Teil der Parameter bereits vorbesetzt haben, also einem Variantenprogramm entsprechen.

Die dargestellte Systemarchitektur geht im Kern von einem CAD-System aus und enthält in einer darüberliegenden ersten Schale die Beschreibung von Rotationsteilen. In einer weiteren Schale folgt die Definition von Normteilen und Teilefamilien als Variantenprogramm auf der Basis der hier vorgeschlagenen Teilebeschreibung. Dies läßt sich logisch fortsetzen, indem man in einer dritten Schale die Konstruktion von Baugruppen beliebiger Größenordnung definiert. Jede dieser Schalen greift dabei auf den Inhalt der darunterliegenden zurück.

Mit der beschriebenen Systemarchitektur sind also nun wieder komplexe Variantenkonstruktionen mit der damit verbundenen hohen Rationalisierung möglich. Die Nachteile früherer Variantenprogramme, wie hoher Programmieraufwand und geringe Flexibilität, müssen nicht mehr in Kauf genommen werden.

Alle hier beschriebenen Programmelemente sind in FORTRAN 77 geschrieben, um möglichst allgemeine Standards zu verwenden. Ergänzend wurden einige spezifische Elemente des Betriebssystems PRIMOS genutzt, vor allem zur Darstellung von Graphik innerhalb von Dialogen, die bei der Verwendung anderer Rechner gegebenenfalls angepaßt werden muß, nicht jedoch innerhalb des eigentlichen Programms.

3.5 Grundzüge der Dialogführung

Nachfolgend wird vom dargestellten allgemeinen Aufbau von Rotationsteilen aus Grundelementen, die sich mit wenigen Parametern definieren lassen, ausgegangen. Mit Hilfe einer standardisierten Dialogführung lassen sich diese Parameter mit Zahlenwerten besetzen, wie im nachfolgenden Abschnitt an einem Beispiel gezeigt wird.

Der Konstrukteur befaßt sich nur noch mit der Geometrie seiner Teile, ohne sonst von CAD-Systemen geforderte Verknüpfungs- und Darstellungsdefinitionen beachten zu müssen.

Der Dialog zur Definition von Rotationsteilen beschränkt sich infolgedessen auf

- das schrittweise Abfragen der ein Grundelement
  - einen Kegelstumpf - definierenden Parameter,

- das Eingeben der Zahlenwerte für diese Parameter,

- die Kontrolle des graphisch dargestellten Grundelements.

Dieser Vorgang wird gemäß der Anzahl von Grundelementen wiederholt. Ein typisches Beispiel für einen solchen Dialog ist in Bild 24 dargestellt. Analog wird mit Innenkonturen und Standardbohrungen verfahren.

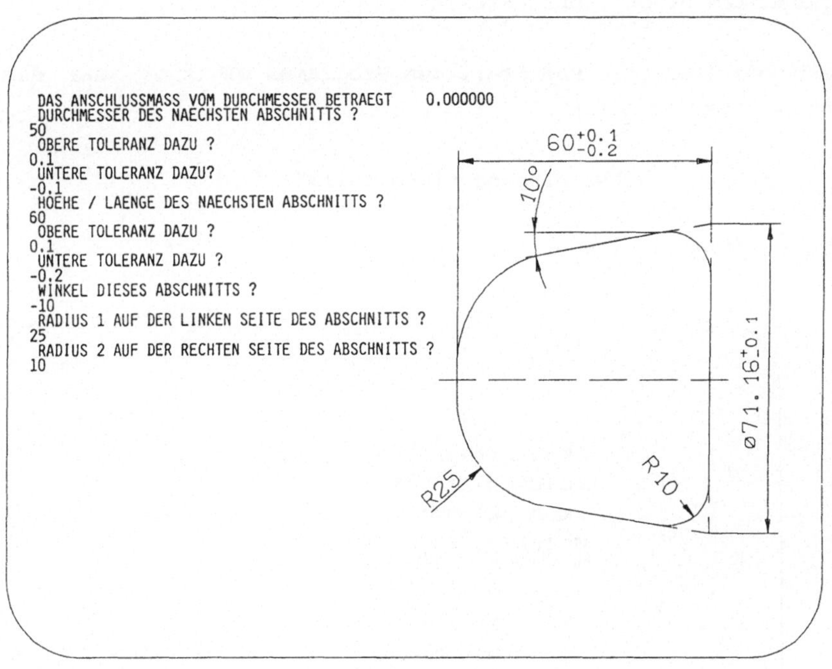

Bild 24: Bildschirmdarstellung eines Eingabedialogs

3.6   Beispiel für ein Einzelteil

3.6.1   Festlegung eines neuen Teils

In den folgenden Bildern ist der komplette Ablauf bei der Beschreibung eines neuen Teils, wie ihn der Konstrukteur am Bildschirm erlebt, dargestellt.

Nach dem Einloggen und Start des Programms wählt er aus dem angebotenen Grundmenü

"Neueingabe eines Teils",

wie in Bild 25 dargestellt.

```
          G R U N D M E N U E

          NEUEINGABE EINES TEILS                        1

          AENDERN EINES VORHANDENEN TEILS               2

          NEUEINGABE EINES TEILS AUS DEN
          FOLGENDEN TEILEFAMILIEN

               - NAPFSTEMPEL                           11

               - NAPFMATRIZEN                          12

               - MATRIZENEINSAETZE                     13

               - ZWISCHENSCHRUMPFRINGE                 14

               - AUSSENSCHRUMPFRINGE                   15

               - ZIEHSTEMPEL                           16
          BITTE GEBEN SIE IHRE GEWUENSCHTE FUNKTION EIN :
     1
```

Bild 25:   Bildschirmdarstellung des Grundmenüs

Im nächsten Schritt gibt er Identnummer, Werkstoff und gegebenenfalls Kennzeichen für die Teilefamilie sowie die Anzahl der Stufen - Grundelemente - der Außenkontur des Teils ein. Daraufhin wird ihm die Parameterliste sowie die geometrische Darstellung eines allgemeinen Grundelements mit beispielhafter Bemaßung zum besseren Verständnis der Parameterliste angeboten, wie in Bild 26 dargestellt.

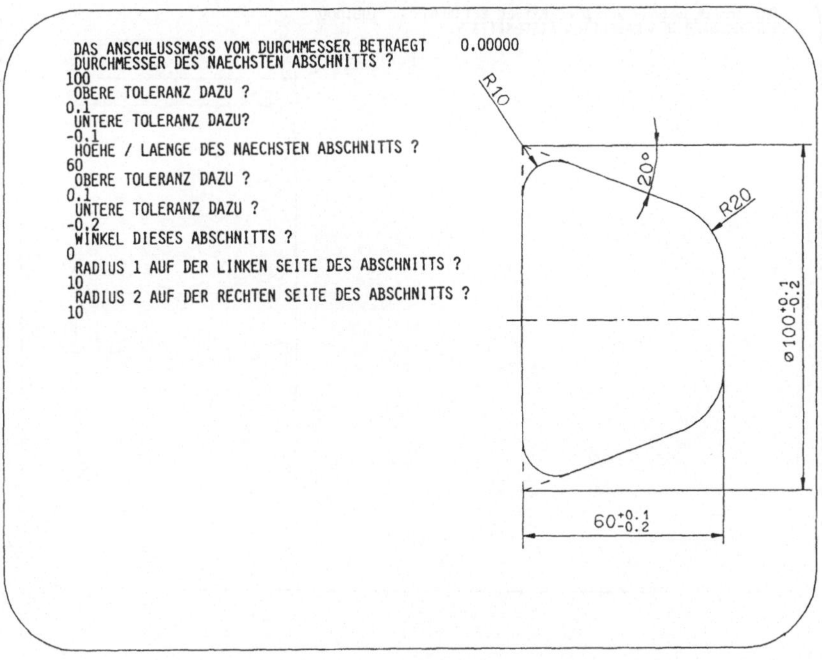

Bild 26: Bildschirmdarstellung eines Eingabedialogs, Schritt 1

Diese Parameterliste füllt er mit den für das aktuelle Grund-
element zuzuordnenden Zahlenwerten. Sobald alle Parameter des
Grundelements eingegeben sind, erhält er am Bildschirm zur
Kontrolle eine durch die Parameter definierte geometrische
Darstellung des Grundelements mit Bemaßung, wie in Bild 27
dargestellt.

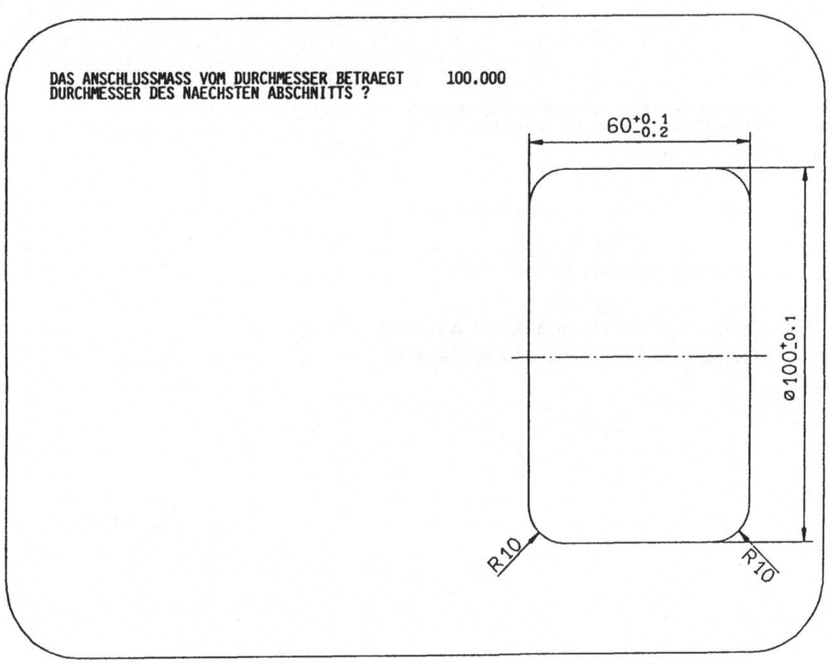

**Bild 27:   Bildschirmdarstellung eines Eingabedialogs,
Schritt 2**

Diesen Schritt wiederholt der Konstrukteur so häufig, wie die
Anzahl der vorher eingegebenen Stufen - der Grundelemente -,
beträgt, dargestellt in den Bildern 28 und 29.

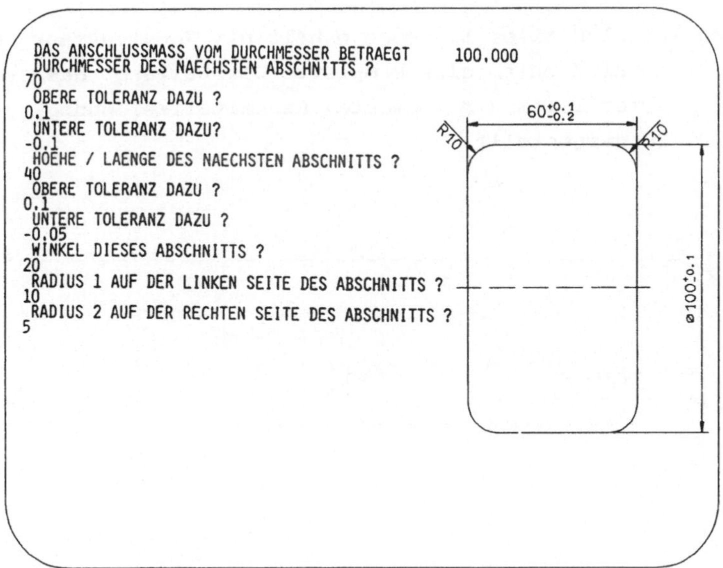

Bild 28: Bildschirmdarstellung eines Eingabedialogs, Schritt 3

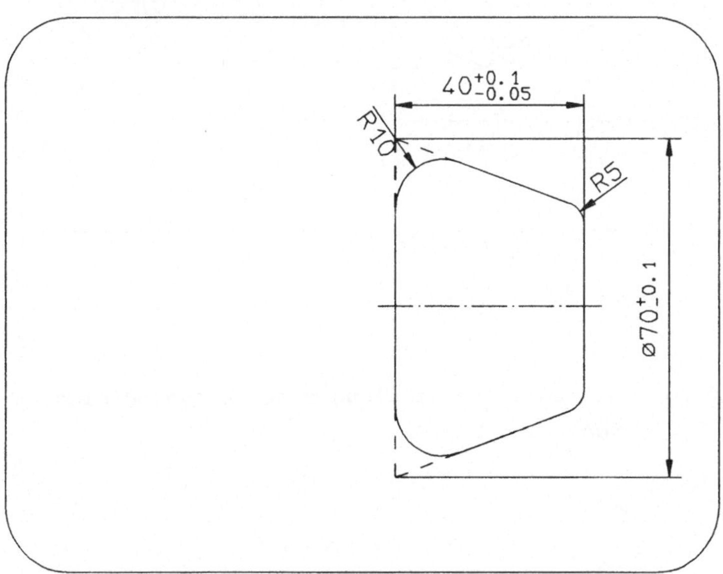

Bild 29: Bildschirmdarstellung eines Eingabedialogs, Schritt 4

Nach Abschluß aller Eingaben erhält der Konstrukteur automatisch am Bildschirm eine komplette Darstellung des von ihm definierten Teils als bemaßte Einzelteilzeichnung, wie in Bild 30 dargestellt.

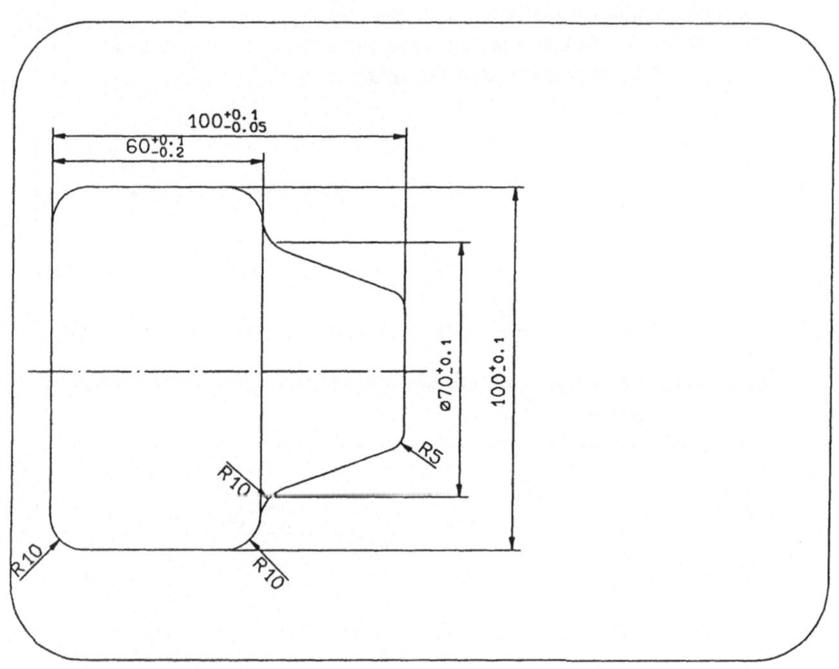

Bild 30: Bildschirmdarstellung eines Eingabedialogs,
          Schritt 5

Bei Teilen mit Innenkonturen - sowohl links- als auch rechts-
bündig - geht er in analogen Schritten vor:

- Eingabe der Anzahl der Stufen und
- Eingabe der Parameter der jeweiligen Grundelemente.

Die Einbindung von Innenkonturen in ein Rotationsteil ist in
Bild 31 dargestellt, wobei die Verrundungsradien an den einzelnen Grundelementen sich gemäß der Erläuterung in 3.1 ver-
halten (Bild 12 und Bild 13). Auch die Festlegung der Parameter für Standardbohrungen auf Teilkreisen erfolgt im
Dialog.

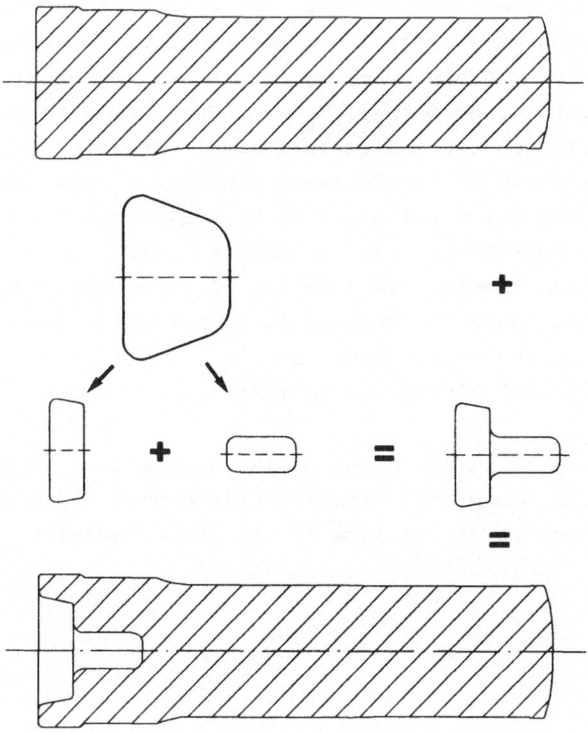

Bild 31: Prinzipdarstellung der Einbindung von Innenkonturen

3.6.2   Änderung eines vorhandenen Teils

Aus dem Grundmenü wählt der Konstrukteur

"Ändern eines vorhandenen Teils".

Nach Eingabe der Identnummer des zu ändernden Teiles wird ihm
das komplette Teil zur Kontrolle kurz am Bildschirm dargestellt. Im folgenden Schritt wird ihm - wie bei der Neufest-
legung von Teilen - der Reihe nach jeweils ein Grundelement
mit der dazugehörenden Parameterliste dargestellt.
Er muß angeben, welchen der Parameter er ändern will, und be-
kommt dann eine Darstellung des geänderten Grundelements am
Bildschirm. Dieser Vorgang ist beliebig häufig mit allen
Parametern wiederholbar. Er kann dann zum nächsten Grundelement springen und analog verfahren. Gegebenenfalls kann er
ein zusätzliches Grundelement einfügen - wie bei der Neu-
festlegung eines Teils - bzw. Grundelemente löschen oder den
Vorgang abbrechen. Das geänderte Teil kann sowohl unter
seiner Identnummer als Änderung abgespeichert werden als auch
mit einer neuen Identnummer als neues Teil; damit ergibt sich
eine sehr rationelle Arbeitsweise bei der Konstruktion ähnlicher Teile ("Transparenteffekt").

Abschluß ist in jedem Falle die Darstellung des geänderten
Teils als komplette Einzelteilzeichnung. Der vollständige
Ablauf ist in den Bildern 32 bis 36 dargestellt.

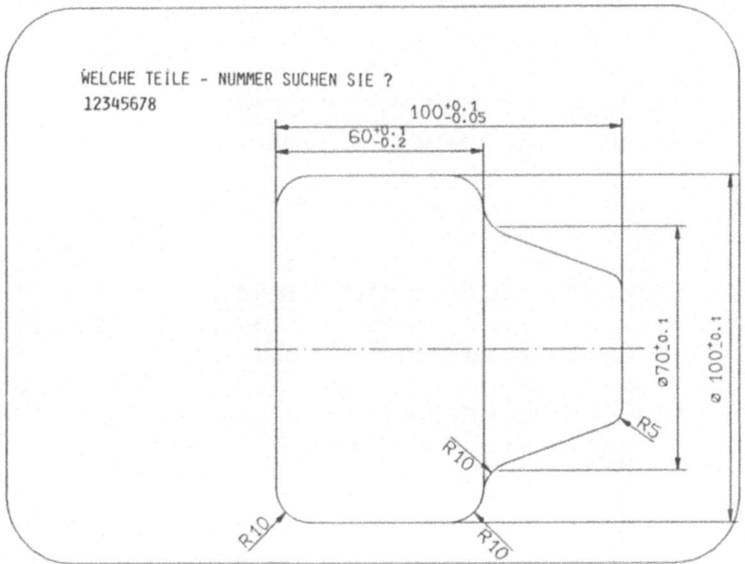

Bild 32: Bildschirmdarstellung eines Änderungsdialogs, Schritt 1

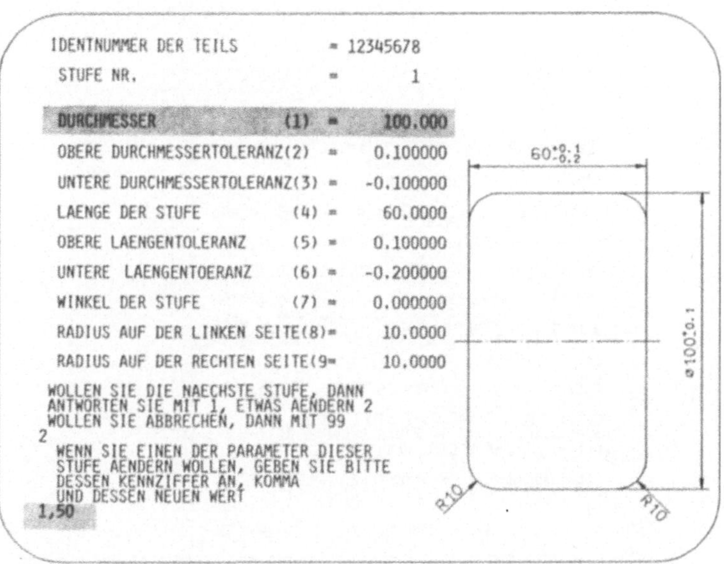

Bild 33: Bildschirmdarstellung eines Änderungsdialogs, Schritt 2

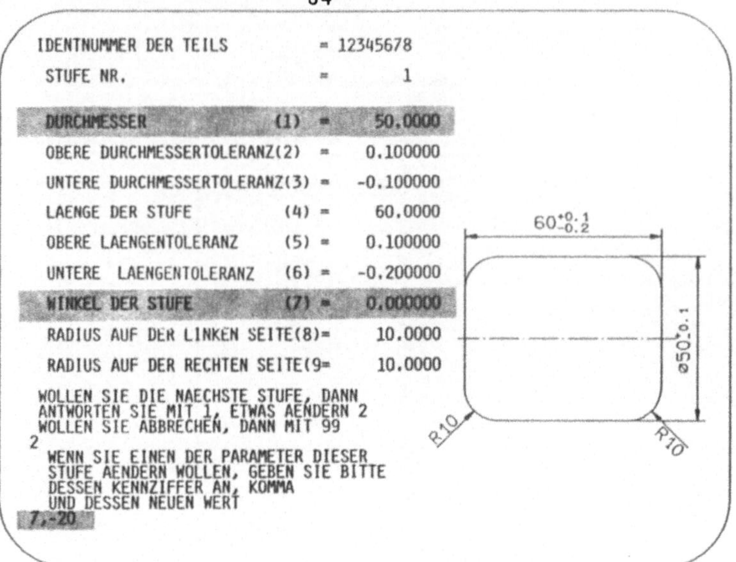

Bild 34:   Bildschirmdarstellung eines Änderungsdialogs, Schritt 3

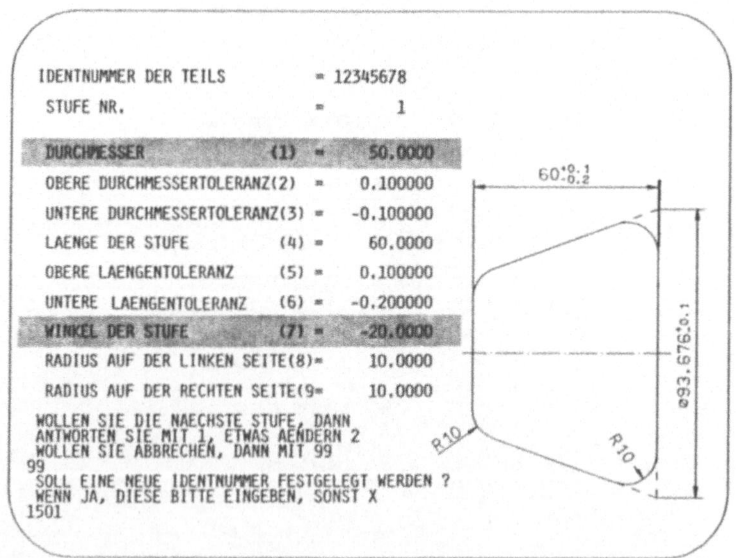

Bild 35:   Bildschirmdarstellung eines Änderungsdialogs, Schritt 4

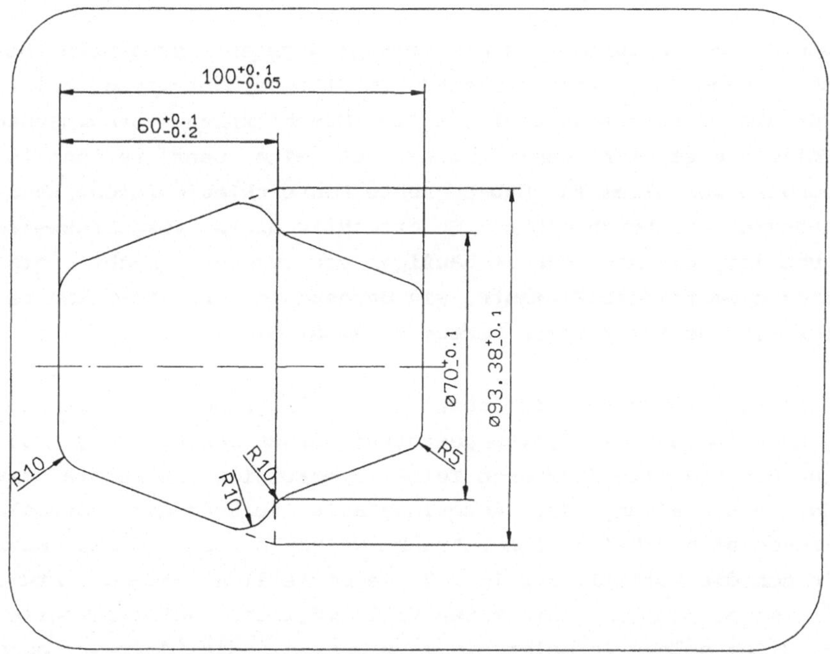

Bild 36: Bildschirmdarstellung eines Änderungsdialogs,
Schritt 5

Die hier beschriebene Benutzerführung schließt nicht aus, daß
der EDV-geübte Benutzer auch die in der Datei abgelegten
Daten editiert, um ein vorhandenes Teil zu verändern oder ein
neues festzulegen. Dabei ist lediglich darauf zu achten, daß
die Formate in den Dateien nicht verändert werden und daß
beim Einfügen von zusätzlichen Elementen die laufenden
Nummern der Grundelemente entsprechend berichtigt werden.

3.7 Einbindung in das interaktive CAD-System

3.7.1 Interaktive Änderungen

Die Grundlage für die in den vorangegangenen Abschnitten beschriebene Vorgehensweise sind rotationssymmetrische Teile.
Für die überwiegende Zahl der im Maschinenbau vorkommenden
Teile bietet sich damit nicht nur eine sehr rationelle,
sondern vor allem für CAD-ungeübte Konstrukteure leicht handhabbare Teilebeschreibung. So attraktiv diese Vorgehensweise
auch ist, die man noch um häufiger vorkommende, nicht rotationssymmetrische Elemente, wie Sechskante, erweitern könnte,
ist sie aus ihrem Wesen heraus zunächst begrenzt.

Eine Einbettung des hier entwickelten Programms in das zugrundeliegende CAD-System gestattet, diese Beschränkung auf-
zuheben und alle denkbaren Teile zu bearbeiten. Alle die mit
der Beschreibung der Rotationsteile verbundenen Vorteile
lassen sich dabei uneingeschränkt weiter nutzen, nicht mehr
jedoch die Vorteile der in 3.2 dargestellten Datenstruktur.
So ist es dann im einfachsten Fall möglich, Rotationsteile,
z. B. um solche Formelemente zu ergänzen, die derzeit noch
nicht in dem hier entwickelten Programmpaket angeboten
werden. Dies sind z. B. Sechskante für Schraubenköpfe, Innen-
sechskante oder Paßfedernuten. Im umgekehrten Fall kann bei
einer beliebigen interaktiven CAD-Konstruktion immer dann auf
dieses Programm zurückgegriffen werden, wenn es sich um ein
Rotationsteil handelt.

Neben diesen beiden wesentlichen Möglichkeiten der Geometrie-
veränderung erscheint es häufig sinnvoll, bei der Bemaßung
interaktiv einzugreifen. Das kann z. B. bei der Kollision von
Bemaßungselementen notwendig sein, die in einem automatischen
Bemaßungsalgorithmus bei vertretbarem Aufwand nicht immer ab-
gefangen werden können. Vor allem bei sehr eng beieinander-
liegenden Geometrieelementen kann dieser Fall auftreten.

Eine Verschiebung der Maße mit ihren Maßhilfslinien ist bei vielen CAD-Systemen, wie auch dem dieser Arbeit zugrundeliegenden, mit wenigen Befehlen leicht möglich; ein Beispiel ist in Bild 37 und Bild 38 in der linken Bildhälfte dargestellt.

Scheint an einigen Stellen eine Bezugsbemaßung sinnvoller als eine generelle Kettenbemaßung oder umgekehrt, führt der Konstrukteur - mit einem geringfügig höheren Aufwand als im vorangehend geschilderten Fall - durch Löschen und Neudefinieren von Bemaßungselementen diese Änderung interaktiv durch; ein Beispiel ist in Bild 37 und Bild 38 in der rechten Bildhälfte dargestellt.

Im Falle der interaktiven Änderung der Teilegeometrie wird das Datenmodell des betrachteten Einzelteils verändert. Dies hat weitreichende Konsequenzen, vor allem bei der Weiterverwendung der Daten.

So kann man bei der Nutzung der Daten z. B. für die NC-Programmierung nicht mehr auf die ursprüngliche Datei für das betroffene Einzelteil zurückgreifen, weil Veränderungen an der Teilegeometrie berücksichtigt werden müssen, die nicht in der Datenstruktur niedergelegt sind. Das verlangt dann die gleiche Archivierung des Teils wie bei einer rein interaktiv erstellten Teilegeometrie, die Archivierung der Befehlsfolge, bzw. des rechnerinternen Modells. Damit gehen einige Vorteile der den Rotationsteilen zugrundeliegenden und in 3.2 beschriebenen Datenstruktur, z. B. die Möglichkeit zur Ähnlichteil-Suche, verloren oder lassen sich nur für das nicht interaktiv manipulierte Teil nutzen. Wenn die Abweichung der interaktiv veränderten Geometrie von der ursprünglichen Geometrie hinsichtlich der gewählten Funktion hinreichend klein ist, sind auch nur geringe funktionelle Einschränkungen zu erwarten.

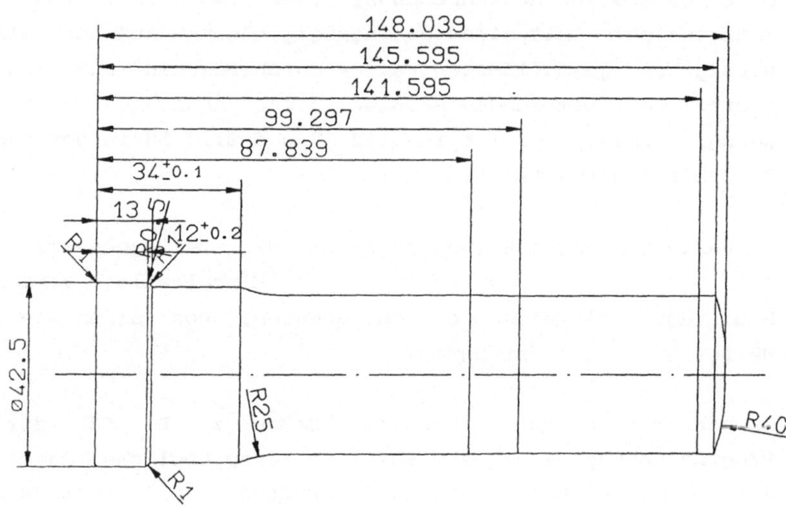

Bild 37: Automatisch bemaßtes Einzelteil

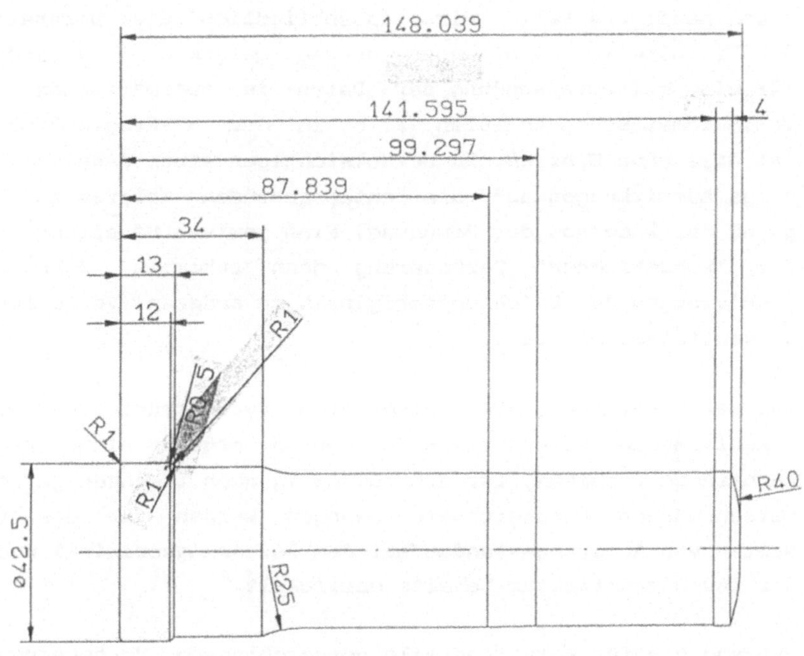

Bild 38: Interaktive Verschiebung von Bemaßungselementen (links) und Änderung der Bemaßungsstrategie (rechts)

Im zweiten Fall, der "kosmetischen" Veränderung der Bemaßung
- der häufigere Fall - wird ausschließlich die Darstellung
des Einzelteils, nicht aber dessen Datenmodell verändert.
Für eine Weiterverwendung der Daten in automatischen oder
teilautomatischen Abläufen, z. B. in der NC-Programmierung,
ist dies ohne Einfluß. Zu berücksichtigen sind dabei aller-
dings Auswirkungen auf die entsprechenden Toleranzen aufgrund der Änderung der Bemaßung. Eine gewisse Bedeutung kann
der "kosmetischen" Veränderung dann zukommen, wenn die
Archivierung des Zeichnungsoriginals zu anderen Verwendungen
konventionell erfolgt.

Aus der Vermischung einer eindeutigen Datenstruktur und einer
anschließenden interaktiven Veränderung ergeben sich organisatorische Probleme, für die zukünftig noch Lösungen gefunden
werden müssen. Vergleichbare Lösungen werden für das Ver-
walten von Änderungsständen auf dem Zeichnungsoriginal und in
der CAD-Datenstruktur bereits entwickelt.

Während die für Rotationsteile vorgeschlagene Vorgehensweise
die Handhabung durch den CAD-ungeübten Konstrukteur zuläßt,
erfordert die Nutzung der interaktiven Möglichkeiten des
zugrundeliegenden CAD-Systems eine entsprechende Schulung.

Der Benutzer des Systems bewegt sich dann nicht mehr in einer
spezifischen Benutzeroberfläche, wie in Bild 23 dargestellt,
sondern in der durch das CAD-System definierten Benutzeroberfläche.

3.7.2 Zusammenbauzeichnung

In den vorangegangenen Abschnitten wurden die Definition, das Ändern und die Darstellung von Einzelteilen beschrieben. Der nächste Schritt ist die Erstellung einer Zusammenbauzeichnung. Erst damit kann das Zusammenspiel der Einzelteile untersucht und die Funktionsfähigkeit der Konstruktion optisch kontrolliert werden.

Im vorliegenden CAD-System ist es hierzu erforderlich, die zu einem Zusammenbau - z. B. einer Baugruppe - gehörenden Teile zu definieren und sie relativ zueinander beliebig zu positionieren. Prioritätsregeln legen fest, welche Teile einander verdecken, d. h. welche Kanten ausgeblendet werden. Die Bemaßung der Einzelteile wird dabei unterdrückt. Ein Beispiel für eine Zusammenbauzeichnung zeigt Bild 39.

Der Konstrukteur war bislang gewohnt, seine Konstruktion mit Rücksicht auf die Abhängigkeiten der Einzelteile untereinander im Zusammenbau zu entwickeln und anschließend daraus die Einzelteile zu detaillieren.

Die durch den CAD-Einsatz geprägte Vorgehensweise unterscheidet sich grundsätzlich dadurch, daß zunächst die Einzelteile definiert und anschließend zu einer Zusammenbauzeichnung verbunden werden. Je mehr allgemeine Normteile und betriebsspezifische Standardteile dem Konstrukteur zur Verfügung stehen, desto rationeller lassen sich Werkzeugkonstruktionen durchführen. Die Effizienz dieser Vorgehensweise ist nicht nur von der Vielfalt dieses Angebots abhängig, sondern auch von der Bereitschaft des Konstrukteurs, die gebotenen Möglichkeiten zu nutzen.
Ein Vorteil von CAD ist dabei - und damit ein Anreiz für den Konstrukteur -, daß sich die einmal definierten Einzelteile oder Baugruppen ohne großen Aufwand verschieben und in beliebigen Positionen in der Zusammenbauzeichnung darstellen lassen. Unterschiedliche Situationen im Bewegungsablauf sind

so leicht zu untersuchen, so daß die Funktionsfähigkeit einer
Konstruktion sichergestellt werden kann.

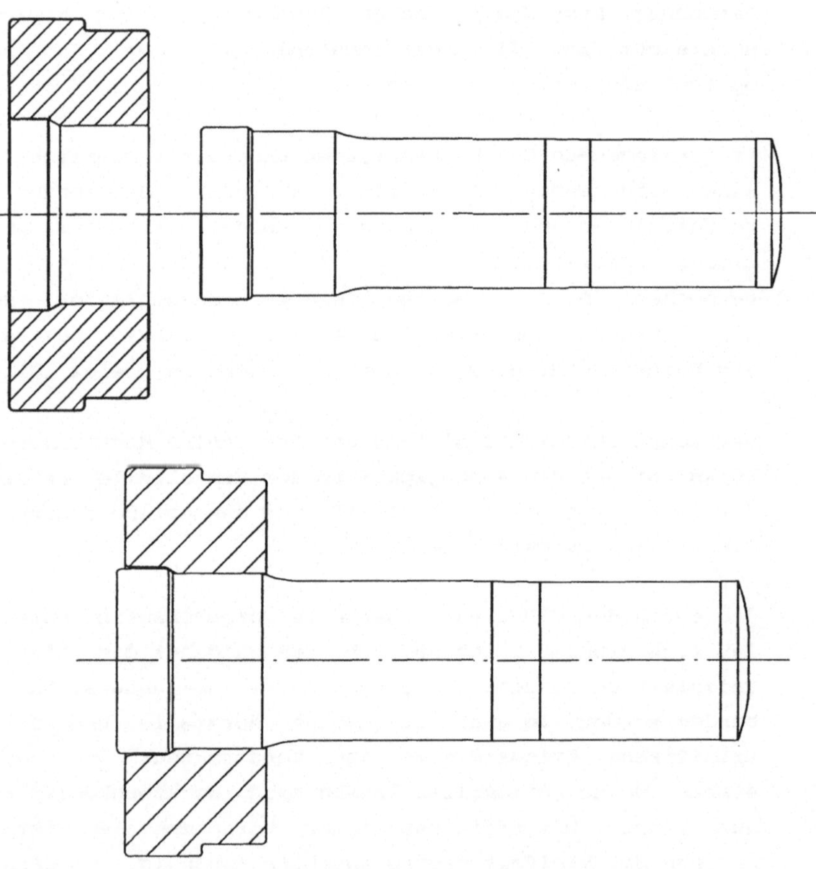

Bild 39:   Interaktive Erstellung einer Zusammenbauzeichnung

4. Anwendung in der Werkzeugkonstruktion

4.1 Umformteile

Eine detaillierte Untersuchung über den Anteil an rotationssymmetrischen Teilen an dem Gesamtspektrum aller Umformteile entsprechend der des allgemeinen Maschinenbaus / 27 / ist in der Literatur nicht bekannt. Es erscheint jedoch zulässig, davon auszugehen, daß dieser Anteil zumindest ebenso hoch ist wie im allgemeinen Maschinenbau. Das wird auch untermauert durch das Spektrum der in Richtlinien / 30 / und in der Literatur / 26, 31 / beschriebenen Kaltfließpreßteile sowie das Teilespektrum einzelner Lieferanten solcher Teile.

Die Vorteile der oben dargestellten Vorgehensweise zur Beschreibung von Rotationsteilen lassen sich daher für Kaltfließpreßteile besonders gut nutzen. Mit dem auf der Basis dieser logischen Grundstruktur entwickelten Programm wurden zur Demonstration dessen Anwendungsmöglichkeiten typische Kaltfließpreßteile und Rohteile konstruiert.

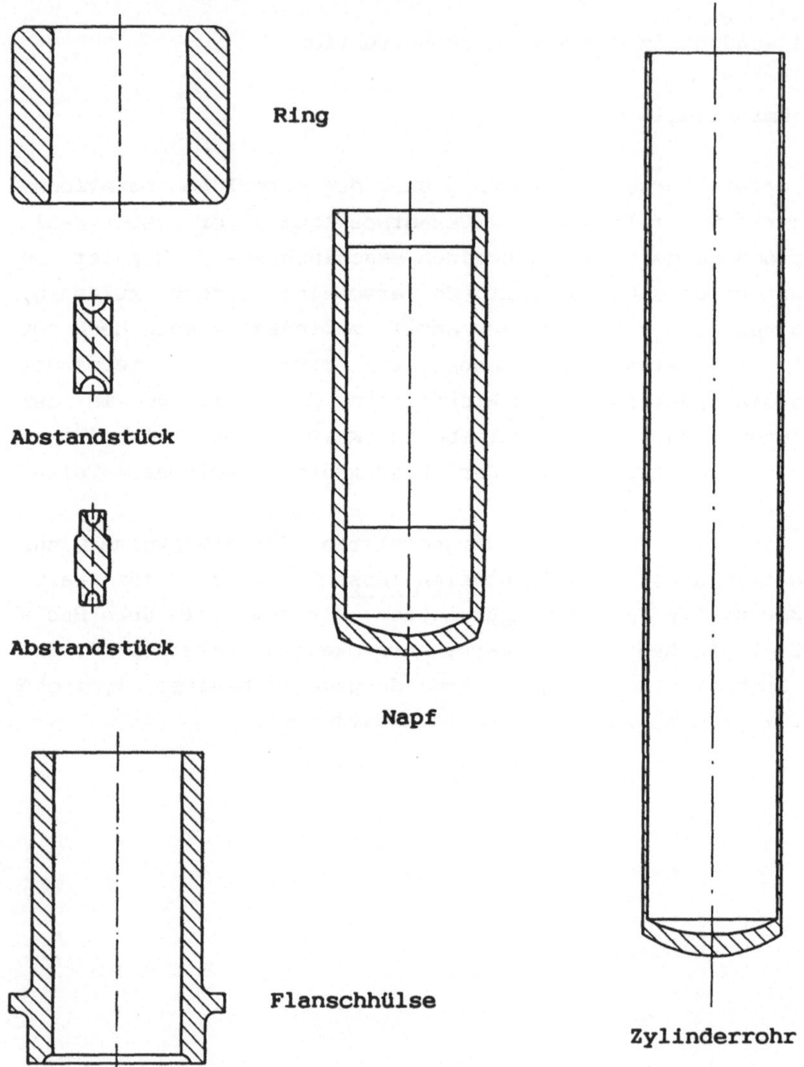

Bild 40: Beispiele für die Darstellung von Fließpreßteilen

4.2 Werkzeugeinzelteile

Wie bei Fließpreßteilen kann bei Werkzeugen zu deren Herstellung gleichermaßen von einem hohen Anteil an rotationssymmetrischen Teilen ausgegangen werden. Für Werkzeugeinzelteile wird die Erweiterung des beschreibbaren Teilespektrums
um verschiedene Standardbohrungen für Positionier- und Be-
festigungsfunktionen oder für die Aufnahme von Auswerfstiften
in hohem Maß in Anspruch genommen.

Auch Werkzeugeinzelteile, wie

- Normteile,
- Werkzeugwechselteile,
- Verschleißteile,

wurden als Beispiele mit dem vorliegenden Programm konstruiert oder beschrieben. Die Ergebnisse sind in den Bildern 41
und 42 dargestellt.

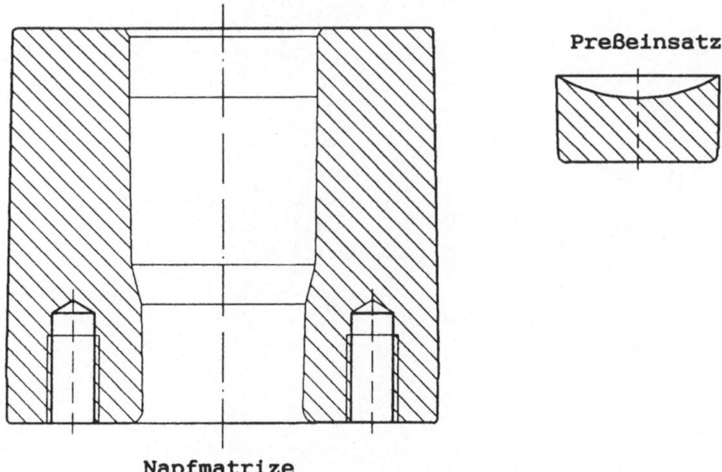

Bild 41: Beispiele für die Darstellung von Einzelteilen
verschiedener Fließpreßwerkzeuge

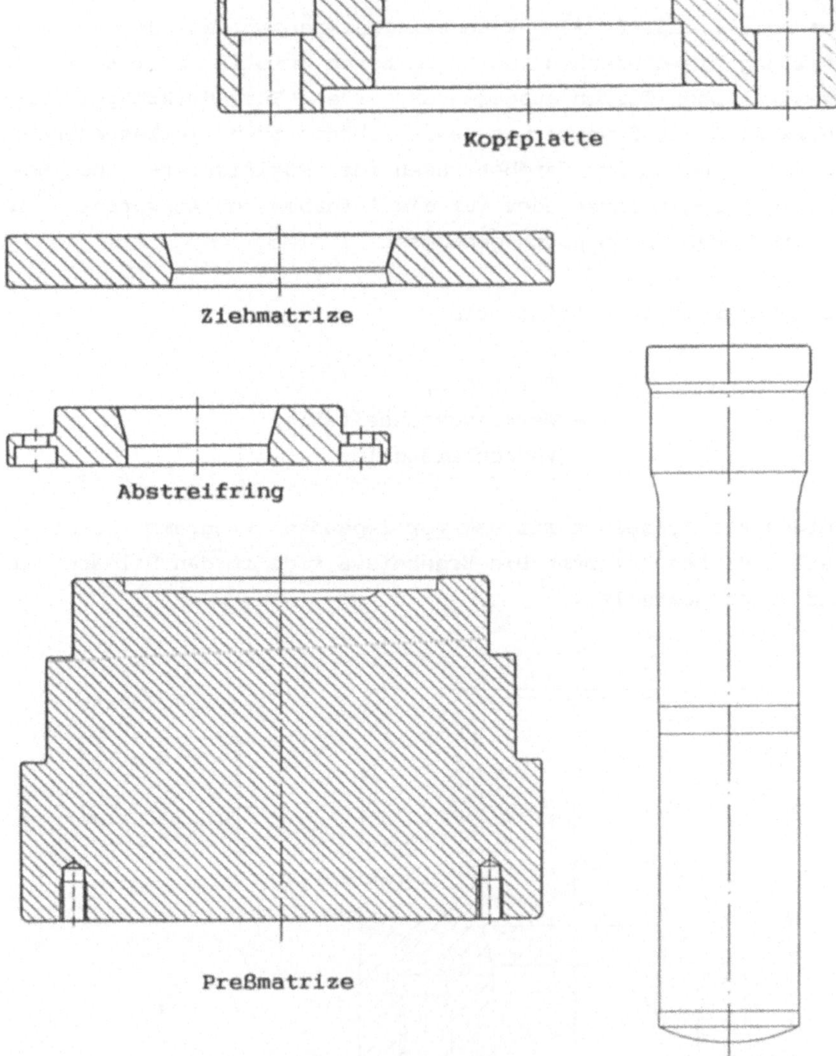

Bild 42: Beispiele für die Darstellung von Einzelteilen verschiedener Fließpreßwerkzeuge

Bei der bisherigen Betrachtung der Konstruktion von Werkzeug-
einzelteilen wurde davon ausgegangen, daß der Konstrukteur
alle Parameter zur Beschreibung eines Einzelteils ohne
irgendwelche vorgegebenen Abhängigkeiten der einzelnen Parameter untereinander definiert.

Derartige Abhängigkeiten - feste Konstruktionsregeln - sind
jedoch Merkmal von Normteilen und Teilefamilien. Es bietet
sich an, diese Abhängigkeiten zu formulieren und in Algorithmen umzusetzen. Damit wird der Eingabeaufwand für solche
Teile weiter verringert. Ein Beispiel für einen solchen Algorithmus für ein typisches Werkzeugeinzelteil, einen Napfstempel, ist in Bild 43 dargestellt / 31, 32 /.

Ein ähnlicher, aber firmenspezifischer Algorithmus wurde in
ein Programm umgesetzt, das ausgehend von der zahlenmäßigen
Eingabe von 4 Parametern,

- Länge des Napfstempels,
- Durchmesser des Fließbundes,
- Kugelkalotte,
- Länge des zylindrischen Stempelteils,

alle übrigen Parameter des Napfstempels festlegt und somit
den vollständigen Datensatz gemäß der dieser Arbeit zugrundeliegenden Vorgehensweise generiert. Der entsprechende Napfstempel ist damit in einer sehr komprimierten Form vollständig definiert. Eingabe und Ergebnis des Programms sind in den
Bildern 44, 45 und 46 dargestellt.

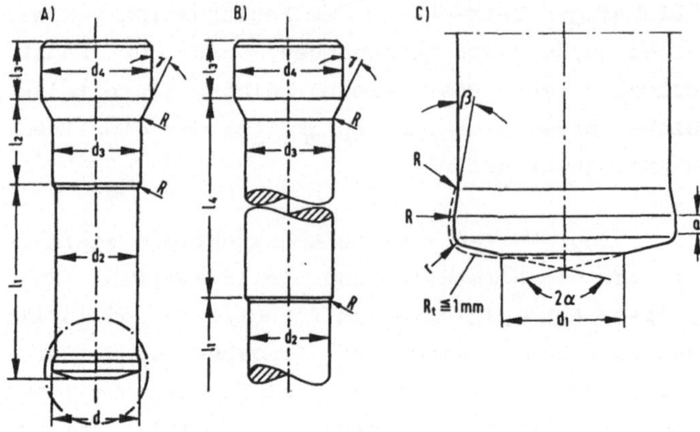

d je nach Durchmesser des Fertigteils bzw. der Preßbüchsenbohrung	R riefenfrei gerundet
$d_1 = d - [2R_1 + (0,2 \text{ bis } 0,3)d]$	$R_1 = (0,05 \text{ bis } 0,1)d$
$d_2 = d - (0,1 \text{ bis } 0,2 \text{ mm})$	$R_2 \approx 0,3(d_4 - d_3)$
$d_3 = (1 \text{ bis } 1,3)d$	$R_3 = 0,5(d - d_5)$
$d_4 = (1,3 \text{ bis } 1,5)d$	R_4 je nach Fertigteilmaß
d_5 je nach Durchmesser des Fertigteils	$R_5 \approx 0,3(d_7 - d_5)$
d_6 je nach Durchmesser des Fertigteils	
$d_7 \approx 1,3 d_5$	Planlaufabweichung $< 0,005$ mm
$\quad = (0,3 \text{ bis } 0,7)d$	$2\alpha = 170 \text{ bis } 160°$
	$\beta = 4 \text{ bis } 5°$
$l_1 \leqq 2,5 \cdot d$	$\gamma = 15 \text{ bis } 30°$
$l_2 \approx d_3$	$\delta = 5 \text{ bis } 15°$
$l_3 \geqq 0,5 d_4$	$\varepsilon = 5 \text{ bis } 10°$
l_4 je nach Bauart der Abstreiferhülse	Rundlaufabweichung für $d, d_1, d_2, d_3, d_5, d_6$: $< 0,01$ mm
$l_5 \leqq 6d$ (je nach Eindringtiefe)	
$l_6 \leqq 1,5 d_5$	$a = (0,3 \text{ bis } 0,7)\sqrt{d}$
$l_7 \leqq 8 d_5$	$r = (0,05 \text{ bis } 0,1) \cdot d$
$l_8 \approx 0,5 d_3$	
$l_9 = (0,7 \text{ bis } 1)d_7$	

Bild 43: Algorithmus zur Definition der Parameter eines Napfstempels / 31, 32 /

```
OK, R NAPFST
 WENN SIE BEREITS DIE NAPFSTEMPELDATEN
 WISSEN, ANTWORTEN SIE BITTE MIT 1
1
  LAENGE DES NAPFSTEMPELS = ?
140
  DURCHMESSER DES FLIESSSBUNDES = ?
40
  KUGELKALOTTE = ?
40
  LAENGE DES ZYLINDRISCHEN STEMPELTEILS = ?
50
  IDENTNUMMER DES BESCHRIEBENEN WERKSTUECKS
47114711
```

Bild 44: Bildschirmdarstellung eines Eingabedialogs zur Definition der Parameter eines Napfstempels, Schritt 1 - Eingabe

Bild 45: Bildschirmdarstellung eines Eingabedialogs zur Definition eines Napfstempels, Schritt 2 - Datenstruktur

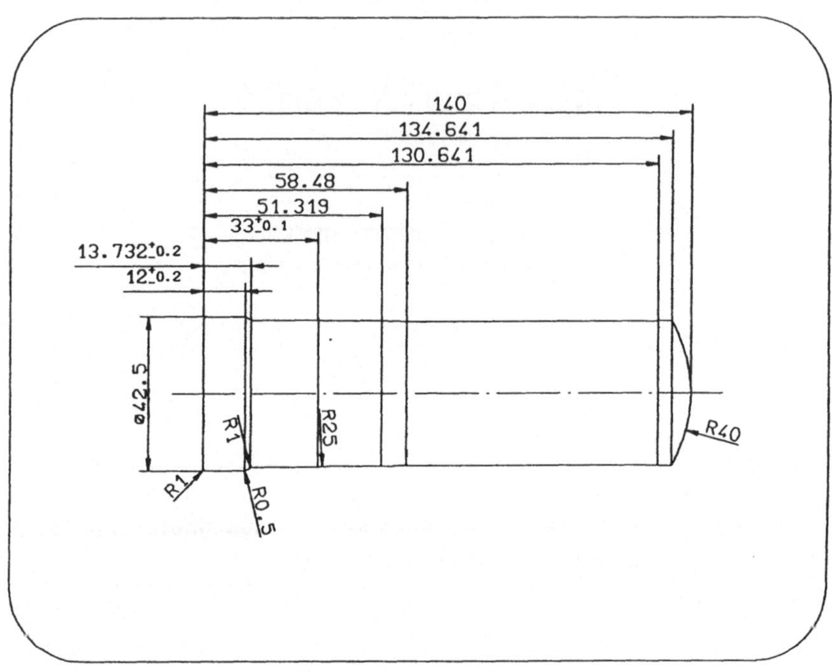

Bild 46: Bildschirmdarstellung eines Eingabedialogs zur
Definition der Parameter eines Napfstempels,
Schritt 3 - Ergebnis

Da nun aber auch zwischen Werkzeugeinzelteilen untereinander
oder zwischen Werkzeugeinzelteilen und Umformteilen Abhängigkeiten bestehen, gilt es, diese Abhängigkeiten gleichermaßen
in Algorithmen, bzw. Programme umzusetzen. Bild 47 zeigt
beispielhaft einen Teil der Ableitung der Parameter eines
Napfstempels aus den Parametern von zugeführtem Rohteil und
gewünschtem Fertigteil.

Eingabe

Ausgabe

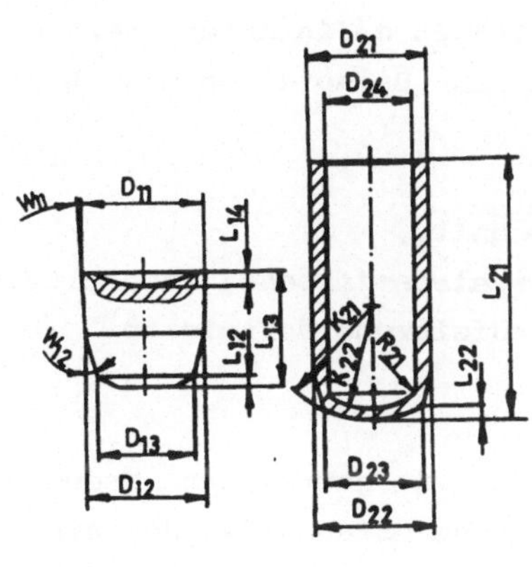

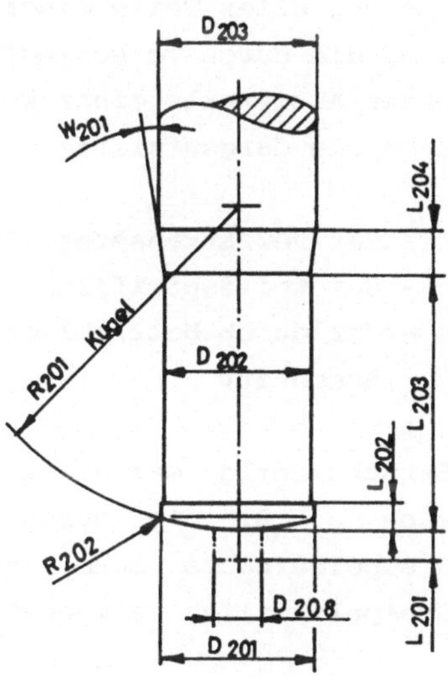

Verarbeitung

vom Rohteil	vom Fertigteil	Berechnung

vom Rohteil:
D_{11}
D_{12}
D_{13}
L_{12}
L_{13}
L_{14}
W_{11}
W_{12}

vom Fertigteil:
D_{21}
D_{22}
D_{23}
D_{24}
L_{21}
L_{22}
R_{21}
K_{21}
K_{22}

Berechnung

$$R_{201} = K_{22}$$
$$R_{202} = R_{21}$$
$$D_{201} = D_{24} - 0{,}05$$
$$D_{202} = D_{201} - 0{,}15$$
$$D_{203} = D_{201} + 0{,}1$$
$$L_{203} = L_{21} - L_{22} - 15 - L_{204}$$
$$L_{204} = \frac{D_{203} - D_{202}}{2} \cdot \cot W_{201}$$
$$L_{202} = R_{201} - \sqrt{(R_{201} - R_{202})^2 - \left(\frac{D_{201}}{2} - R_{202}\right)^2} + 2$$

Konstant

$$W_{201} = 1^{\circ}$$
$$L_{201} = 6$$
$$D_{208} = 10$$

Bild 47: Algorithmus zur Ableitung von Parametern eines
Napfstempels aus Rohteil und Fertigteil

Dieser Algorithmus wurde ebenfalls in ein Programm umgesetzt und kann wahlweise zur Definition der Napfstempelparameter genutzt werden, vor allem im Hinblick auf eine spätere Verkettung aller Teile einer Werkzeugkonstruktion. In Bild 48 sind die durch verschiedene Algorithmen definierten Bereiche eines Aktivteils eines Werkzeuges am Beispiel eines Napfstempels dargestellt:

- der verfahrensspezifische Abschnitt,
- der teilespezifische (napfstempelspezifische) Abschnitt,
- der durch betriebliche Standardisierung definierte Abschnitt.

Berücksichtigt man diese Abschnitte in getrennten Modulen, kann z. B. die durch betriebliche Standards definierte Stempelaufnahme ohne weiteren Aufwand auch für andere Stempelfamilien verwendet werden.

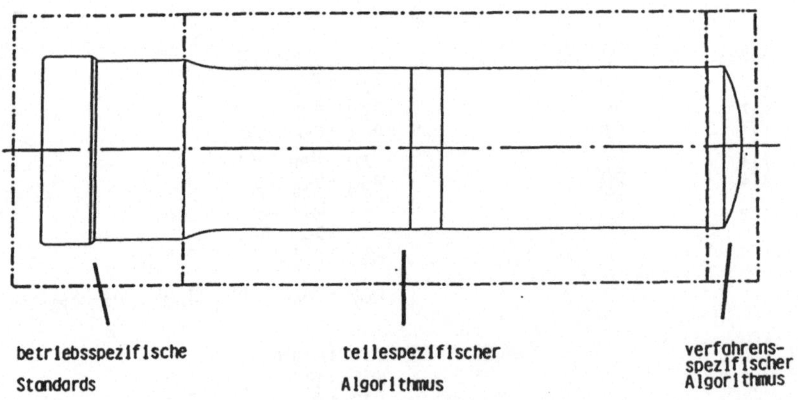

Bild 48: Bereiche eines Werkzeug-Aktivteils, die durch verschiedene Algorithmen definiert werden

Dabei ist zu beachten, daß die formgebenden Aktiv-Teile eines Werkzeuges, wie z. B. Stempel, Matrize und Auswerfer, mit der Negativform der jeweiligen Geometriesegmente des Umformteils nicht identisch sind.

Temperaturbedingte Maßänderungen, wie in Bild 49 dargestellt, sind bei Kaltfließpreßteilen, vor allem aber bei Halbwarm-fließpreß- und Schmiedeteilen - die jedoch im Rahmen dieser Arbeit nicht weiter betrachtet werden sollen - ebenso zu berücksichtigen wie elastische Verformungen an Werkzeug und Umformteil. Statt einer reinen Duplizierung der Geometrie muß diese entsprechend vorverzerrt und modifiziert werden. Das kann sowohl interaktiv als auch mit Hilfe von Algorithmen vorgenommen werden. Solche Geometrieveränderungen bedeuten bei der dieser Arbeit zugrundeliegenden Vorgehensweise lediglich eine Veränderung der das betreffende Teil beschreibenden Datensätze. So kann z. B. das Temperaturverhalten durch Multiplikation der Längen- und Durchmesserparameter mit entsprechenden Faktoren berücksichtigt werden.

Auch Modifikationen der Toleranzen von Werkzeugkonturen müssen gegebenenfalls Berücksichtigung finden, wenn Verschleiß an den Werkzeugen in Grenzen zugelassen werden soll, da diese Toleranzen Teil des zugrundeliegenden Datenmodells sind.

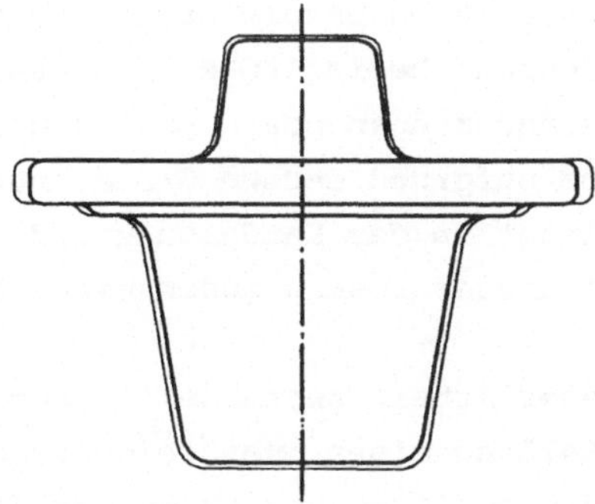

Bild 49: Temperaturbedingte Maßänderungen an einem Fließpreßteil

Sind alle Abhängigkeiten zwischen Werkzeugeinzelteilen untereinander und zwischen Umformteilen und Werkzeugeinzelteilen
bekannt, läßt sich als höchste Stufe der in Bild 23 dargestellten Schalenarchitektur die vollständige Werkzeugkonstruktion aus

- Geometrie des zugeführten Rohteils und
- Geometrie des gewünschten Fertigteils

unter Beachtung von

- Normteilen,
- betriebsinternen Standardteilen und
- Werkzeugeinbauräumen

ableiten. Das bedeutet, daß sämtliche Parameter aller Werkzeugeinzelteile des kompletten Werkzeugs dann bekannt sind.

Ein solcher Algorithmus war die Grundlage eines geschlossenen
Variantenprogramms für ein Napf-Rückwärts-Fließpreß-Werkzeug
zur Herstellung einer eng umrissenen Teilefamilie / 15 /.
Das dieser Lösung zugrundeliegende Variantenprogramm war dadurch gekennzeichnet, daß sowohl die Abhängigkeiten der im
Programm verwendeten Variablen untereinander zu programmieren
waren als auch die dadurch beeinflußten zahlreichen geometrischen Elemente. Veränderungen oder Ergänzungen waren in
einem solchen Programm aufgrund dessen Größe nur schwer zu
realisieren. Flexibilität in der Handhabung und Kontrolle des
Ergebnisses waren bei dieser Lösung zudem nicht befriedigend.

Unter Nutzung der dieser Arbeit zugrundeliegenden Vorgehensweise ist es zur Erstellung eines vergleichbaren Variantenprogramms nur noch erforderlich, die Abhängigkeiten der einzelnen Variablen in Algorithmen zu beschreiben und damit die
Einzelteile definierenden Datensätze zu erzeugen.

Auswirkungen auf die geometrische Darstellung müssen im Regelfall nicht weiter beachtet werden, da zur Geometrieerzeugung aller Einzelteile stets der gleiche Modul verwendet wird.

Algorithmen zur Teilebeschreibung sind somit vollständig getrennt von Algorithmen zu deren geometrischer Darstellung, so daß solche Lösungen zunächst völlig CAD-System-neutral sind. Variantenprogramme sind dadurch wesentlich übersichtlicher und der Aufwand zu ihrer Erstellung ist deutlich geringer als früher.

Einschränkungen früherer Lösungen hinsichtlich Flexibilität und Kontrolle der Ergebnisse haben bei dieser Vorgehensweise, wenn man sie in einem modularen Aufbau innerhalb eines Schalenmodells nutzt, wie in Bild 23 dargestellt, keine Bedeutung mehr. Das gilt vor allem dann, wenn man bewußt einer Lösung mit häufigen Kontrollen durch den Konstrukteur gegenüber einer vollautomatischen Lösung den Vorzug gibt (vergl. 2.2 und 4.4).

4.3 Werkzeugeinbauräume

Werkzeugeinbauräume definieren innerhalb einer Maschine den Raum, der für die Aufnahme von Werkzeugen zur Verfügung steht. Grundwerkzeuge sind in ihren Abmessungen diesen Einbauräumen angepaßt.

Daher sind die Abmessungen der Werkzeugeinbauräume für den Werkzeugkonstrukteur im allgemeinen weniger von Interesse als die Aufnahmen für die Werkzeugwechselteile innerhalb der Grundwerkzeuge, der "Einbauraum" der Grundwerkzeuge.
Diese Überlegung gilt nicht beim Verlassen der Standard-Werkzeugkonstruktionen, also bei der Konstruktion spezieller Werkzeuge, bei denen z. B. der gesamte Werkzeugeinbauraum genutzt werden soll, oder bei der Konstruktion neuer Grundwerkzeuge.

Um gegebenenfalls solchen Sonderfällen gerecht werden zu können, bietet es sich an, auch Werkzeugeinbauräume und Aufnahmen von Grundwerkzeugen mit dem vorliegenden Programm darzustellen und in einer zentralen Datei abzulegen, so daß sie bei Bedarf zum entsprechenden Werkzeug hinzugefügt werden können. In Bild 50 wird ein Beispiel gezeigt.

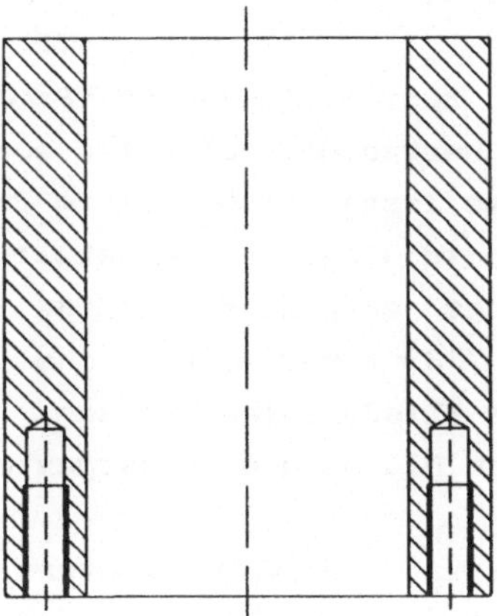

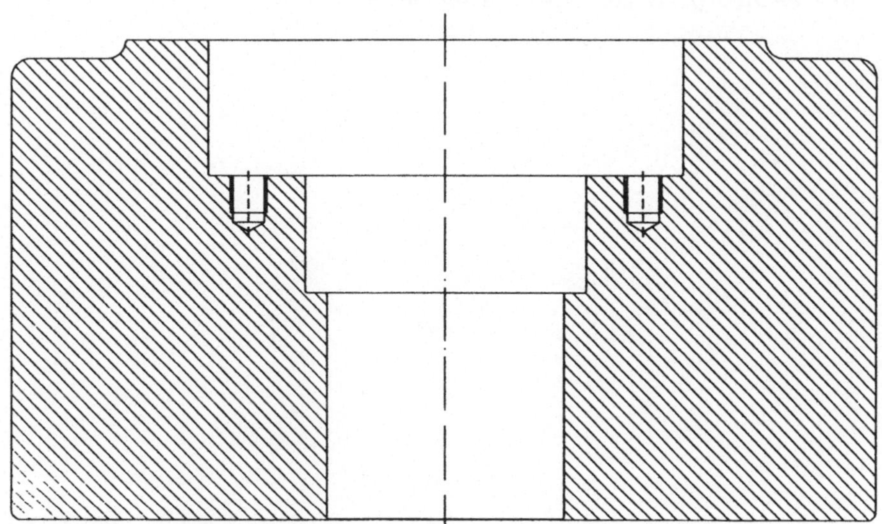

Bild 50: Beispiel für die Darstellung eines Werkzeug-
einbauraums

4.4 Komplettwerkzeuge

Die mit dem hier zugrundeliegenden Programm beschriebenen
Umformteile und Werkzeugeinzelteile sowie gegebenenfalls
Werkzeugeinbauräume lassen sich, wie im Prinzip in Abschnitt
3.7.2 dargestellt, zu einer Zusammenstellungszeichnung eines
kompletten Werkzeugs verbinden. Einige typische Beispiele
solcher Werkzeuge / 33 / für wesentliche Fließpreßverfahren,
wie Napf-Rückwärts-Fließpressen, Setzen, Abstreckgleitziehen
sind in den Bildern 51, 52 und 53 dargestellt.

Die durch den Einsatz von CAD gebotene Möglichkeit, verschiedene Bewegungs- und Funktionszustände eines Werkzeugs zu
untersuchen, ist bei der Werkzeugkonstruktion von besonderem
Interesse. Dies gilt z. B. im Hinblick auf Kollisionen oder
auf die Abstimmung der Längen verschiedener Einzelteile beim
Auswerfen, wie in Bild 54 dargestellt.

Bei solchen Untersuchungen haben meist nur die Endpositionen,
seltener die Zwischenpositionen, Bedeutung. Die logische
Fortsetzung ist dann die Simulation des Umformvorgangs, auf
die nachfolgend gesondert eingegangen wird.

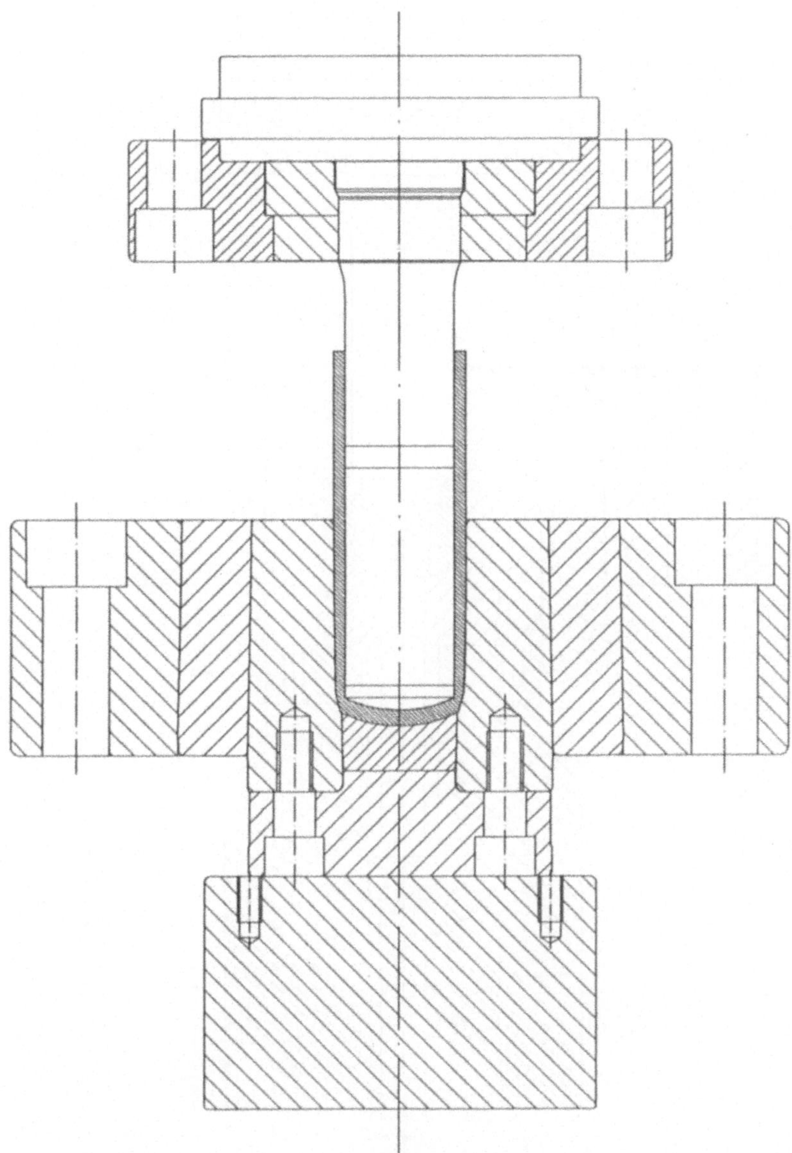

Bild 51: Darstellung eines Werkzeuges für das
Napf-Rückwärts-Fließpressen

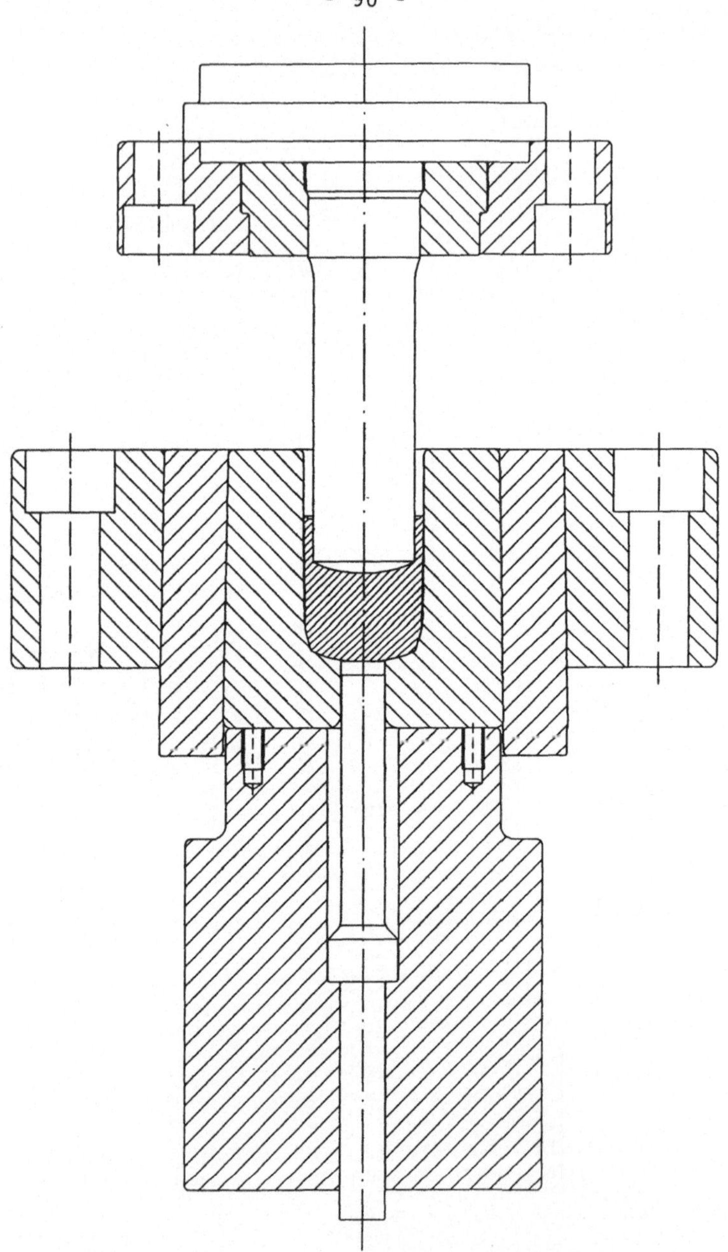

Bild 52: Darstellung eines Setzwerkzeuges

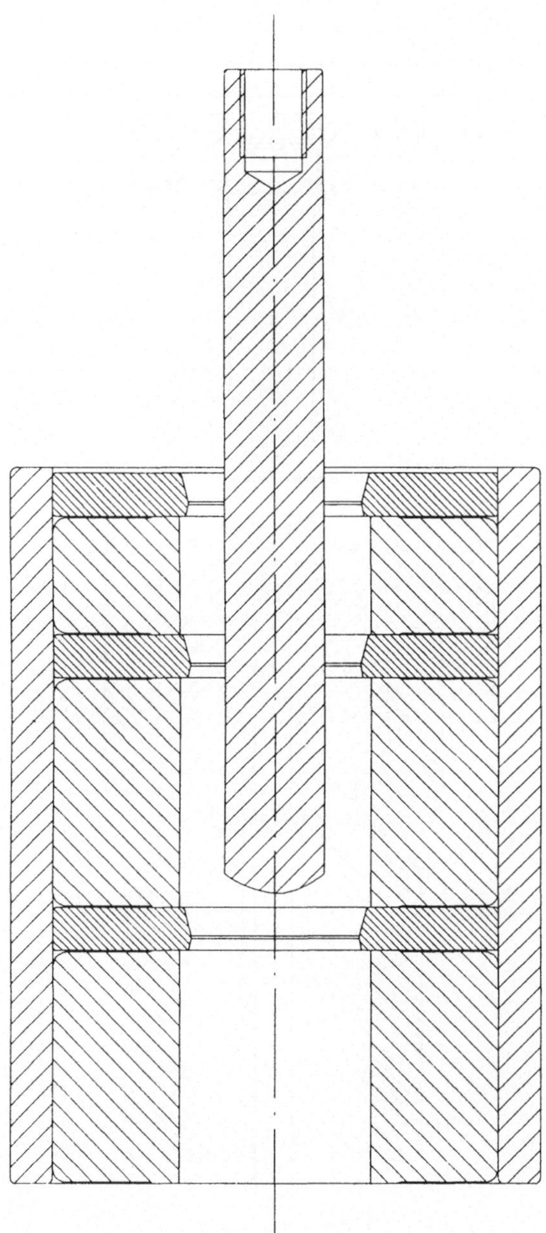

Bild 53: Darstellung eines Werkzeuges für das Abstreck-Gleitziehen

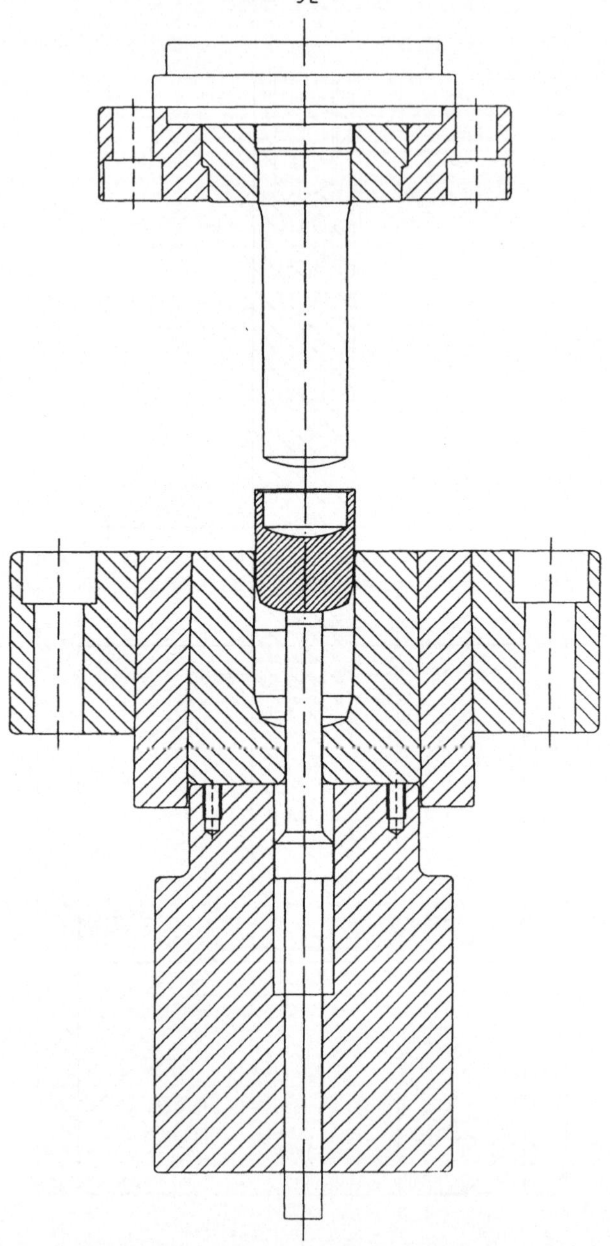

Bild 54: Darstellung des Auswerfzustandes bei einem
Setzwerkzeug

5. Einbinden von Berechnungsprogrammen für Werkzeug-
   Einzelteile

Werkzeug-Einzelteile in der Kaltmassivumformung sind gekennzeichnet durch

>   - extrem hohe Bauteilbeanspruchung und daraus
           resultierender begrenzter Standzeit und
         - hohe Herstellkosten.

Die Versagenskriterien kann man unterscheiden in Total-
ausfälle durch mechanischen

         - Gewaltbruch,
         - Zeitbruch,
         - Dauerbruch

sowie Driftausfälle durch

         - Verschleiß und
         - zunehmende bleibende Deformation / 34 /.

Wesentliche Verbesserungen in der Lebensdauer von Werkzeug-
einzelteilen, der Standmenge, konnten durch die Verwendung
hochfester, zum Teil pulvermetallurgisch erzeugter Werkstoffe
erzielt werden sowie durch die Nutzung moderner Beschich-
tungstechnologien, wie CVD (Chemical Vapor Deposition) und
PVD (Physical Vapor Deposition) für die Aktivteile bzw. Verschleißteile eines Werkzeugs,wie Stempel, Gegenstempel und
Matrize.

Hohe Herstellkosten der Werkzeugeinzelteile ergeben sich
durch die Verwendung der genannten leistungssteigernden Verfahren und Werkstoffe zusätzlich zu der ohnehin schon aufwendigen mehrstufigen Bearbeitung / 35 / und den hohen Anforderungen an die Oberflächenqualität.

Im Gegensatz zum Maschinenbau, wo man im allgemeinen anstrebt, Verschleißteile zu möglichst geringen Kosten herzustellen, erfordern im Werkzeugbau die Aktivteile von Werkzeugen, die Verschleißteile, aus den genannten Gründen besonders hohe Herstellkosten.

Der hohe Anteil dieses Kostenblocks - der Werkzeugkosten - an den Herstellkosten eines Umformteils zwingt bei allen konstruktiven und fertigungstechnischen Überlegungen zu besonderer Sorgfalt / 36 /. Dazu gehören frühzeitige Analysen der Belastungen von Werkzeugen beim Umformen und gegebenenfalls daraus abgeleitete Maßnahmen zur Verringerung der Belastung oder zur Leistungssteigerung von Werkzeug-Einzelteilen.

5.1 Matrizen

Schon früh wurde in der Umformtechnik erkannt, daß mit der Anwendung von Schrumpfverbänden zur Armierung von Preßmatrizen deren Belastbarkeit gegenüber Druckbeanspruchung deutlich gesteigert werden konnte. Schrumpfverbände waren daher Thema vielfältiger Untersuchungen und haben sich zum herausragenden Anwendungsgebiet von Berechnungen in der Massivumformung entwickelt / 37 /.

Die Auslegung von Schrumpfverbänden, bzw. deren Festigkeitsnachweis basiert heute vielfach auf Richtlinien, die Ergebnisse von aufwendigen Berechnungen in Form von Nomogrammen den Werkzeugkonstrukteuren zugänglich machen / 38 /.

In der Praxis werden diese Methoden von erfahrenen Werkzeugkonstrukteuren häufig mit Skepsis betrachtet. Für die Dimensionierung von Schrumpfverbänden haben sich zudem im Laufe der Zeit aufgrund praktischer Erfahrungen betriebsspezifische Standards entwickelt. Diese Standards schließen auch Werkzeugeinzelteile ein. Ein weitergehender Festigkeitsnachweis wird zunächst nicht mehr gefordert. Die empirisch entwickelten Standards enthalten alle firmenspezifischen Besonderheiten, wie die der Wärmebehandlung mit ihren Toleranzen, der Qualität der Oberflächen, der erzielten Form- und Lageabweichungen - vor allem bei konischen Schrumpfverbänden bis hin zur Schmierung beim Zusammenbau. Damit werden durchaus zufriedenstellende Ergebnisse erzielt, so daß auf eine darüber hinausgehende theoretische Betrachtung vielfach verzichtet wird. Außerdem fehlen die dafür notwendigen Voraussetzungen.

Berechnungen des Schrumpfverbandes können jedoch dazu genutzt werden, die optimale Kombination aus eventuell mehreren möglichen Alternativen auszuwählen, wenn bereits eine breite Palette von Standardschrumpfringen existiert.

Berechnungen im Sinne einer Risikoabschätzung werden umso zwingender, je hochwertiger die betrachteten Einzelteile sind, für die bei Überbeanspruchung die Gefahr der Zerstörung besteht, z. B. bei großen Werkzeugen. Gleiches gilt, wenn der Konstrukteur gezwungen ist, einen gegebenen, möglicherweise "zu kleinen" Einbauraum maximal auszunutzen, d. h. bei einer kritischen Werkzeugkonstruktion. Hilfreich kann dem Konstrukteur eine derartige Risikoabschätzung auch dann sein, wenn für neue Teile neue Werkzeugkonzepte zu erarbeiten sind und damit gegebenenfalls neue Standardteile zu definieren sind.

Die vielfältigen Möglichkeiten zur Auslegung von Schrumpfverbänden sind in Abhängigkeit von verschiedenen Voraussetzungen von einfacheren bis hin zur annähernd exakten Lösung in Abbildung 55 dargestellt / 31 /.

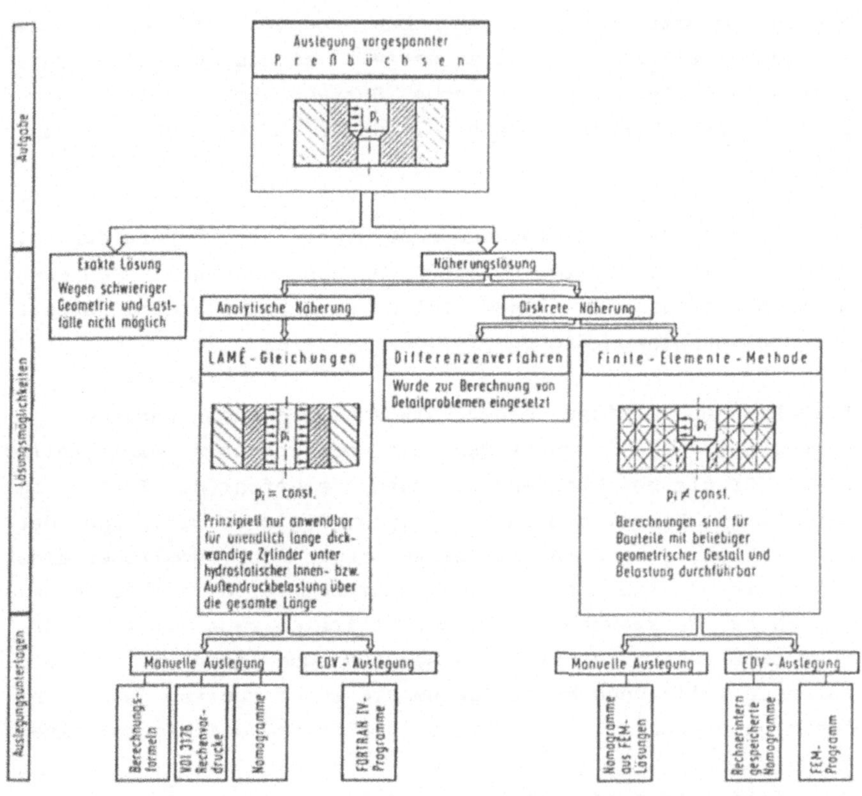

Bild 55: Alternative Möglichkeiten zum Auslegen von Schrumpfverbänden / 31 /

Ein wenig aufwendiges Berechnungsverfahren stellen die Lamé-Gleichungen dar. Vereinfachend wird hierbei von einem Schrumpfverband ausgegangen, der aus einem elastisch beanspruchten, unendlich langen, dickwandigen Hohlzylinder besteht. Dies ist für den Konstrukteur eine anschauliche Vorgehensweise, die aber streng nur für einfach aufgebaute Matrizen zulässig ist.

Für die praktische Anwendung haben Adler/Walter daraus ein Berechnungsverfahren entwickelt, das als Programm SCHRUMP am Institut für Umformtechnik der Universität Stuttgart zur Verfügung steht / 39 /. Dieses Programm wurde im Rahmen der vorliegenden Arbeit in das Programmpaket zur Konstruktion von Werkzeugen für die Kaltmassivumformung derart eingebunden, daß der Konstrukteur das zahlenmäßige Ergebnis der Berechnung in die Dimensionierung der Werkzeug-Einzelteile übernehmen kann.

Die Schnittstelle zum Berechnungsprogramm, wie in Bild 56 dargestellt, sollte gegebenenfalls auch die Anwendung anderer Berechnungsverfahren zulassen und so ausgebildet sein, daß sie in einem Algorithmus zur Definition der Parameter einer Matrize eingebunden werden kann. Der Algorithmus für Matrizen entspricht im Aufbau dem des bereits dargestellten Algorithmus für Napfstempel.

Mit der automatischen Einbindung in Algorithmen zur Teiledefinition wird dem Konstrukteur so ohne zusätzlichen Aufwand das Berechnungsergebnis zur Überprüfung angeboten.

IN, ISN, DA, DI, DF1, DF2, HD, HM, AL2, R1, D1 /

XI1, XI2, RPI, RPZ, RPA, PI, E /

dabei bedeuten

Größe	Art	Bedeutung	Dimension
IN	INTEGER	Kennung der Matrizenart, hierbei bedeutet: 0 keine Vorauswahl der Matrizenart 1 einfach armiert, zylindrisch 2 einfach armiert, zugspannungsfrei 3 einfach armiert, abgesetzt 4 zweifach armiert, zylindrisch 5 zweifach armiert, zugspannungsfrei 6 zweifach armiert, abgesetzt	-
ISN	INTEGER	Kennung der Berechnung; hierbei bedeutet: 0 keine Vorauswahl der Berechnung 0 Nummer der Berechnungsoption	-
DA	REAL	Außendurchmesser Außenring	mm
DI	REAL	Innendurchmesser Innenring	mm
DF1	REAL	Fugendurchmesser Innen-Zwischenring bzw. Innen-Außenring (1-fach armiert)	mm
DF2	REAL	Fugendurchmesser Zwischenring-Außenring	mm
HD	REAL	Druckraumhöhe	mm
HM	REAL	Matrizenhöhe	mm
AL2	REAL	Schulteröffnungswinkel	Grad
R1	REAL	Schultereinlaufradius	mm
D1	REAL	Kalibrierdurchmesser	mm
XI1	REAL	rel. Haftmaß zw. Innen- und Zwischenring bzw. Innen- und Außenring (1-fach armiert)	$\%_{\circ}$
XI2	REAL	rel. Haftmaß zw. Zwischen- und Außenring	$\%_{\circ}$
RPI	REAL	Druckfließgrenze Innenring	N/mm^2
RPZ	REAL	Streckgrenze Zwischenring	N/mm^2
RPA	REAL	Streckgrenze Außenring	N/mm^2
PI	REAL	hydrostatischer Innendruck	N/mm^2
E	REAL	Elastizitätsmodul	N/mm^2

Beispiel:

0, 0, 0.000, 33.6, 60, 90., 0, 100, 180, 2, 0.0/

6, 0.000, 0.000, 0.0, 0.000, 0., 0/

Bild 56: Schnittstelle für Matrizenauslegungs-
programme / 39 /

Ein sehr viel genaueres, aber aufwendigeres Berechnungsverfahren insbesondere für geometrisch komplexe Matrizen wurde
dem Konstrukteur durch die Methode der Finiten Elemente (FEM)
zur Verfügung gestellt, auf die später im Zusammenhang mit
der Koppelung zu CAD eingegangen werden soll. Die genannten
Nomogramme sind eine Zusammenfassung der Ergebnisse solcher
Berechnungen. Damit sollte für den Werkzeugkonstrukteur eine
schnelle und einfache Anwendung möglich sein. Die industri-
elle Praxis zeigt jedoch, daß deren Anwendung noch zu kom-
pliziert ist.

Den bisher dargestellten Berechnungsverfahren liegt eine sta-
tische Belastung zugrunde. Für die Lebensdauer von Werkzeug-
einzelteilen dagegen spielen dynamische Belastungen eine Rolle. Ansatz hierzu sind Methoden der Bruchmechanik, wobei die
Ausbreitungsgeschwindigkeit von Rissen ein Maß für die Lebensdauer eines Teiles darstellt / 40, 41 /. Die Bruchmechanik hat bisher in die Praxis noch keinen Eingang gefunden,
wenn auch erste erfolgversprechende Versuche dies zukünftig
erwarten lassen / 42 /. Zur Abschätzung der Lebensdauer von
Werkzeugteilen sind auch Methoden der Betriebsfestigkeit
denkbar. Sie erfordern als Eingangsgrößen jedoch nicht nur
Geometrien und Einzellasten, sondern definierte Lastkollek-
tive mit entsprechender Häufigkeitsverteilung.

5.2 Stempel

Im Unterschied zu Matrizen läßt sich bei Stempeln die unter
Umständen extrem hohe Beanspruchung mit elementaren Ansätzen
abschätzen. Als hinreichend erweist sich die Betrachtung der
Knicksteifigkeit und der Vergleichsspannung, die sich aus
axialer Druckbeanspruchung und überlagerter Biegespannung
durch außermittige Belastung ergibt, wie in Bild 57 dargestellt / 31, 38 /. Hierbei ist gegebenenfalls die Kerb-
wirkung zu berücksichtigen.

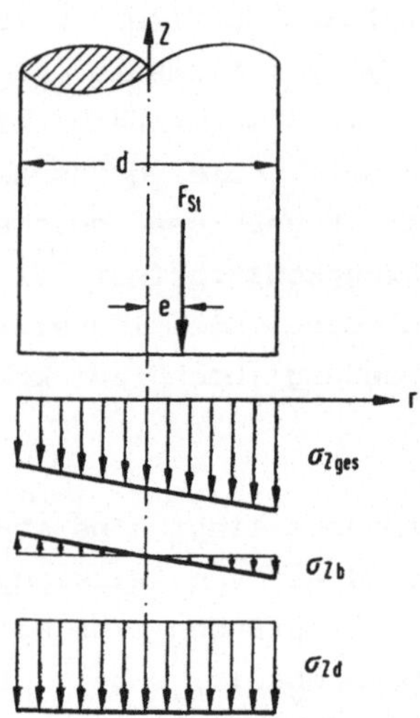

F_{St} = Stempelkraft

d = Stempeldurchmesser

e = Exzentrizität des Kraftangriffs

σ_{zb} = Biegespannung

σ_{zd} = mittlere Druckspannung

σ_{zges} = gesamte Spannung

Bild 57: Belastungen eines Preßstempels / 31 /

Aus den Eingangsgrößen Stempeldurchmesser d, Stempelkraft F_{St} und e für die Exzentrizität des Kraftangriffs, sowie dem Werkstoffkennwert $R_{P0,2}$ und dem Sicherheitsfaktor ν und gegebenenfalls bei Querschnittsänderungen einen Kerbfaktor α_k wird ein Festigkeitsnachweis für den Stempel gemäß (1) und (2) geführt.

$$\sigma_{z\,ges} = P_{St} \left(1 + 8\,\frac{e}{d}\right) \qquad (1)$$

$$\text{mit } P_{St} = \frac{F_{St}}{A_{St}} \qquad (2)$$

Für $\frac{e}{d}$ kann als Richtwert beim Napf-Rückwärts-Fließpressen 0,01 bis 0,02, beim Voll-Vorwärts-Fließpressen 0,02 bis 0,07 angenommen werden / 31 /.

Ein Programmodul für eine solche Stempelberechnung wurde in den Algorithmus zur Definition der Parameter für Napfstempel integriert. Läßt sich bei gegebenen Eingangsgrößen keine ausreichende Festigkeit erreichen und ist dies auch durch Veränderung des gewählten Werkstoffs nicht erzielbar, müssen die verfahrensbezogenen Kenngrößen durch Anpassungen in der Stadienfolge entsprechend beeinflußt werden.

Für die Abschätzung der Lebensdauer gelten für Stempel die gleichen Überlegungen wie für Matrizen.

5.3 Finite-Elemente-Methode

Die bisher betrachteten Auslegungen von Aktivelementen eines Werkzeugs, wie Stempel und Matrize, bauten auf elementaren Ansätzen oder auf mit Hilfe der Finite-Elemente-Methode (FEM) gewonnenen Nomogrammen auf, die streng genommen nur für die jeweils zugrundeliegenden Geometrien gültig sind.

Unter der Voraussetzung, daß dem Anwender neben einem CAD-System auch ein FEM-Paket zur Verfügung steht, ist es nur konsequent, die als CAD-Modelle zur Verfügung stehenden Geometrien über eine entsprechende Schnittstelle mit eventuell erforderlichen Anpassungen für eine FEM-Analyse der hoch beanspruchten Werkzeug-Einzelteile zu nutzen. Von allen gegenwärtig zur Verfügung stehenden Berechnungsverfahren gilt die Finite-Elemente-Methode als das leistungsfähigste Verfahren.

Der Konstrukteur kann auf dieser Basis die Beanspruchung seiner konkreten Werkzeug-Einzelteile und insbesondere deren lokale Beanspruchung erkennen. Das ist speziell dann von Interesse, wenn die zu betrachtende Geometrie von der vereinfachten Geometrie abweicht, die sonstigen Berechnungsverfahren zugrundeliegt.

Die eigentliche Spannungsberechnung ist für den Konstrukteur zwar mindestens ebenso abstrakt wie bei anderen Berechnungsverfahren; hier wird ihm jedoch die ermittelte Spannungsverteilung anschaulich dargestellt und ermöglicht ihm eine Plausibilitätskontrolle, speziell hinsichtlich der lokalen Beanspruchung.

Wenn darüber hinaus die Handhabung einfach genug ist, was bisher jedoch noch nicht ausreichend der Fall ist, erhöht das zweifellos seine Bereitschaft, seine zumeist empirische Konstruktion analytisch zu überprüfen.

Ein Beispiel für eine FEM-Analyse an Stempel und Matrize eines Werkzeugs für das Napf-Rückwärts-Fließpressen, unter Verwendung des Programmpakets TPS 10, ist in den Bildern 58 bis 61 dargestellt. Die Geometrie der betrachteten Werkzeugeinzelteile wurde aus CAD übernommen, wobei die Schnittstelle jedoch nicht die dieser Arbeit zugrundeliegende Datenstruktur war, sondern die daraus generierte PROREN-Befehlsfolge. Die Geometrien der betrachteten Werkzeugeinzelteile sind somit in sehr guter Übereinstimmung mit der Realität im Gegensatz zu den in die Rechnung eingehenden Kräften, die nur sehr viel ungenauer abgeschätzt werden können, so daß das Ergebnis der FEM-Analyse entsprechend bewertet werden muß.

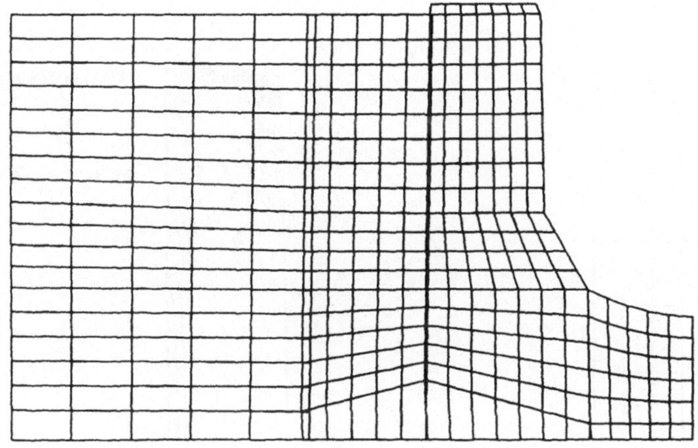

Bild 58: FEM - Netzstruktur für einen aus CAD übernommenen
Schrumpfverband

Bild 59: Resultierende Spannungsverteilung im Schrumpfverband aus Schrumpfung und Preßkraft

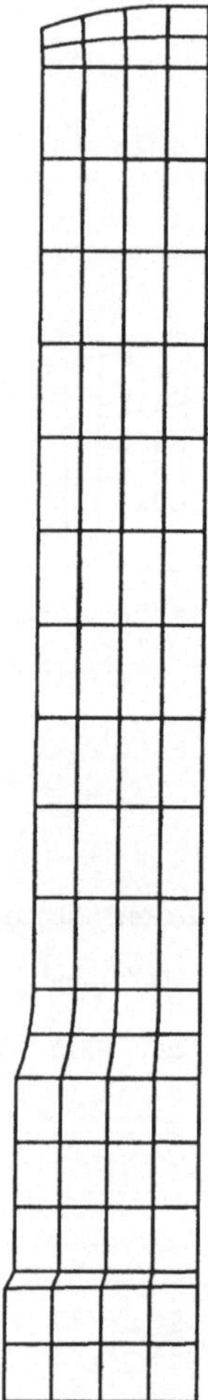

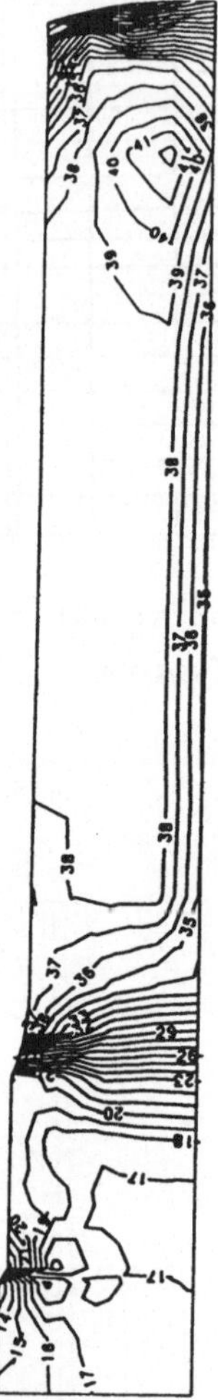

Bild 60: FEM-Netzstruktur für einen aus CAD übernommenen Napf- stempel

Bild 61: Spannungsverteilung aufgrund der Preß- kraft

Eine für den Anwender noch einfachere Handhabung als FEM ist von der Boundary-Element-Methode (BEM) zu erwarten. Statt Knoten innerhalb eines Netzes über dem gesamten betrachteten Teil werden dabei nur Knoten auf der Kontur der Berechnung zugrundegelegt / 43 /. Dafür geeignete Software gibt es; sie stand jedoch in dem dieser Arbeit zugrundeliegenden Umfeld nicht zur Verfügung.

5.4 Elastische Verformungen

Ist der Nachweis über die hinreichende Festigkeit der Werkzeugeinzelteile geführt, so ist in einem weiteren Schritt zu prüfen, inwieweit die Aktivteile des Werkzeugs sich unter Last elastisch verformen oder sich durch Temperatureinflüsse dehnen / 44 /. Diese Verformungen führen bei den Umformteilen zu Form- und Lageabweichungen oder Verschiebungen von Maßen. Ziel der Berechnung der Werkzeugverformungen unter Last ist eine Vorhaltestrategie, um diese Form- und Lageabweichungen sowie Maßtoleranzen des Umformteils bei der Definition der Werkzeug-Aktivelemente als Vorverzerrung zu berücksichtigen und sie damit in zulässigen Grenzen zu halten.
Das ist umso leichter dann möglich, wenn die Geometrien der betrachteten Werkzeugeinzelteile in CAD vorliegen, dort gemäß der Vorverzerrung verändert werden und diese dann bereitstehende Geometrie für die NC-Bearbeitung genutzt wird.
In vielen Fällen werden diese Auswirkungen auf die Geometrie ohne Berücksichtigung der Kosten durch Versuche ermittelt. Die Werkzeuge werden gegebenenfalls mehrfach korrigiert, bis die geforderte Teilegeometrie innerhalb der zulässigen Toleranzen erreicht wird.

Bei Teilefamilien kann davon ausgegangen werden, daß ein erfahrener Werkzeugkonstrukteur die zu erwartenden elastischen Formänderungen der Werkzeugeinzelteile bereits bei deren Festlegung mit großer Treffsicherheit berücksichtigt.

Wenn nicht grundsätzlich, so ist zumindest dann der Berechnung der Verformungen mittels FEM der Vorzug zu geben, wenn sich die Erfahrungen in Grenzen halten oder es sich um neue Teile handelt. Der erforderliche Berechnungsaufwand spielt keine große Rolle, so lange sich die Verformungen der betrachteten Werkzeugeinzelteile innerhalb des linear-elastischen Bereichs ihrer Werkstoffe bewegen, wohl aber der Vorbereitungsaufwand.

Je ein Beispiel für eine Berechnung der Matrizenverformung beim Schrumpfen sowie unter konstantem Innendruck und der Stempelverformung unter Preßdruck ist aufbauend auf den in 5.3 beschriebenen Berechnungen in den Bildern 62 bis 64 dargestellt.

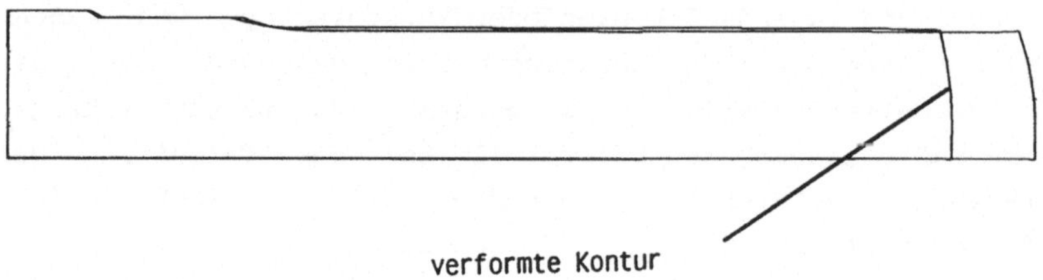

Bild 62: Verformung des Napfstempels aufgrund der Preßkraft
(Überhöhung ca. 100fach)

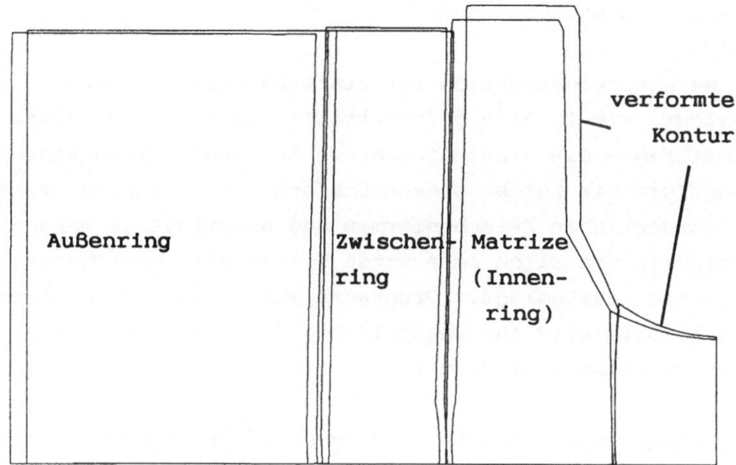

Bild 63: **Verformung des Schrumpfverbandes aufgrund der Schrumpfung**

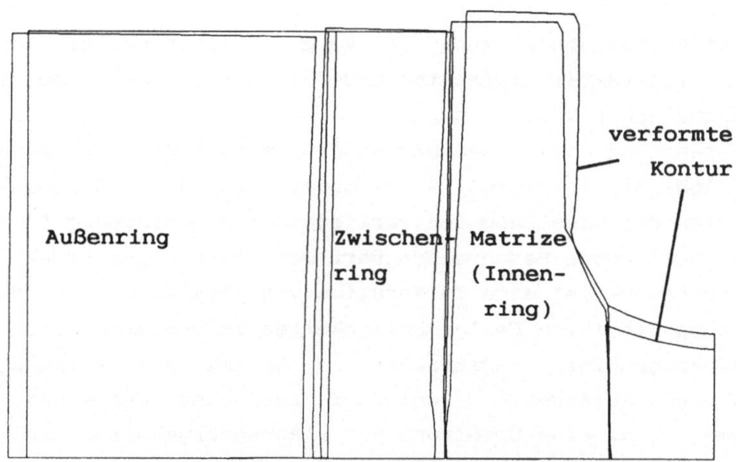

Bild 64: **Resultierende Verformung des Schrumpfverbandes aus Schrumpfung und Preßkraft**

6. Verknüpfung mit vor- und nachgelagerten Systemen

6.1 Arbeitsplanungssysteme

Jeder Werkzeugkonstruktion ist ein Arbeitsplanungsprozeß vorgeschaltet, wie in Bild 6 dargestellt, in dem die einzelnen Umformstufen - die Stadienfolge von der geometrisch einfachen Ausgangsform bis zur komplexen Endform - definiert werden. Die erforderlichen Zwischenformen und Arbeitsgänge werden in Abhängigkeit von allen relevanten Verfahrens- und Werkstoffgrenzwerten festgelegt. Programmsysteme zur Unterstützung dieser Abläufe sind für wesentliche Fertigungsverfahren der Umformtechnik bekannt / 25 /.

In der vorliegenden Arbeit wird davon ausgegangen, daß eine fachgerechte Planung der Stadienfolge - konventionell oder mit EDV-Unterstützung - bereits erfolgt ist und deren Ergebnis als Geometriebeschreibung der Zwischenformen und der Endform vorliegt. Jede dieser Formen erfordert dabei einen eigenen Werkzeugsatz.

Das Planungsergebnis kann in Form konventioneller Zeichnungen, interaktiv erstellter CAD-Zeichnungen oder sonstiger Rechnerausgaben vorliegen.
Die Verwendung dieser Geometrien der einzelnen Umformstufen - von Roh- bis Fertigteil - erfordert in der Werkzeugkonstruktion die Umsetzung der vorliegenden Beschreibung in die davon abweichende Beschreibungsart der Werkzeugkonstruktion. Erstrebenswert ist eine Integration von Systemen, um diese Umsetzung mit ihren Fehlermöglichkeiten zu vermeiden und die Planungsergebnisse unmittelbar im System der Werkzeugbeschreibung auszugeben. Zumindest ist eine Koppelung der Systeme, d. h. eine Umsetzung der Planungsergebnisse in das System der Werkzeugbeschreibung, gegebenenfalls über ein systemunabhängiges Format, anzustreben, war jedoch nicht Aufgabe der vorliegenden Arbeit.

Die Möglichkeit zur Darstellung von Umformteilen auf der
Basis der dieser Arbeit zugrundeliegenden Vorgehensweise
wurde bereits in Abschnitt 4.1 gezeigt. Eine vollständige
Stadienfolge ist im Bild 65 dargestellt.

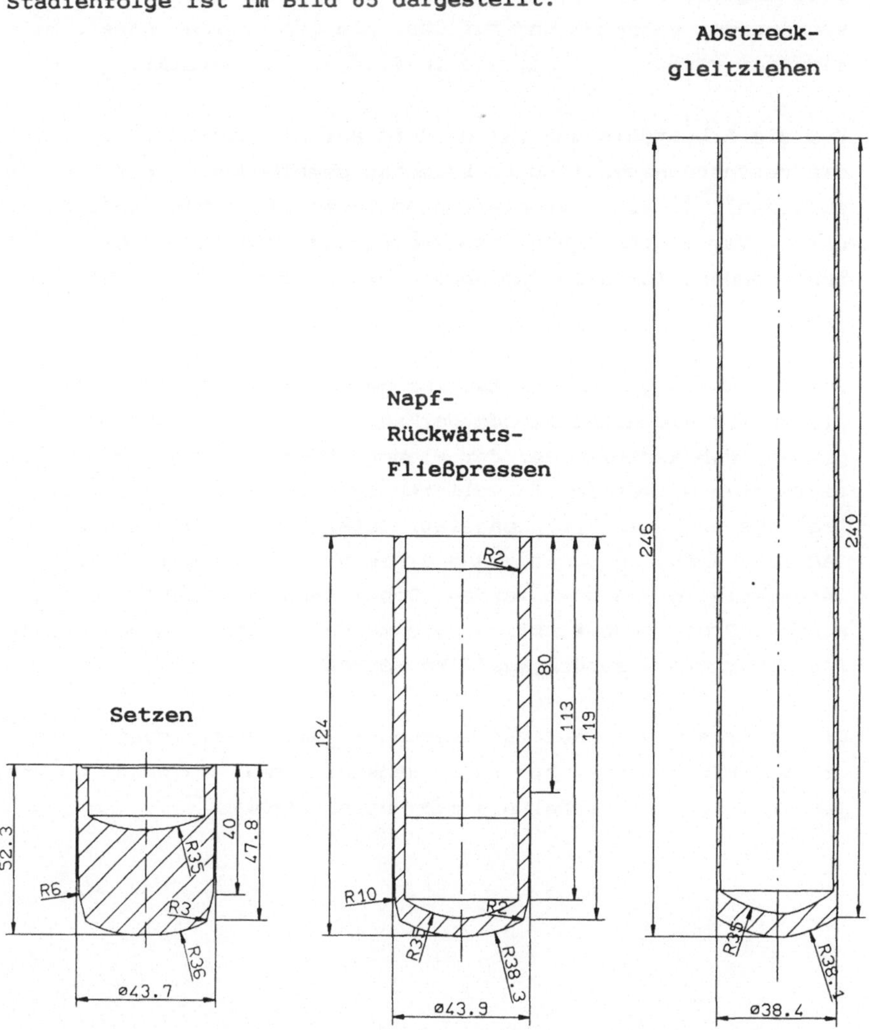

Bild 65: Beispiel für die Darstellung einer Stadienfolge

Eine Integration und mehr noch eine Koppelung setzen voraus, daß die dem Planungsprozeß zugrundeliegenden Algorithmen mit den daraus entwickelten Programmen einerseits und die Darstellung der Planungsergebnisse andererseits möglichst klar voneinander getrennt und nur über die gemeinsame Datei miteinander verbunden sind, wie in Bild 22 dargestellt.

Für die Arbeitsplanung ist es durchaus hinreichend, weil auch die verfahrensspezifischen Berechnungsmethoden nichts anderes zulassen, von einer vereinfachten Geometrie auszugehen, z. B. unter Vernachlässigung von Verrundungsradien. Dies gilt insbesondere für alle geplanten Zwischenformen der Stadienfolge.

Bei der Nutzung von werkstückbezogenen Arbeitsplanungsergebnissen für die nachfolgende Werkzeugkonstruktion ist zu beachten, daß anstelle der der Planung zugrundeliegenden, vereinfachten Geometrie die vollständige Teilegeometrie Grundlage des weiteren Vorgehens ist. Unter der Voraussetzung, daß CAD zur Verfügung steht, kann diese Umwandlung der Geometrie interaktiv vorgenommen werden. Dabei kann eventuell auf die aus der Produktkonstruktion stammenden geometrischen Daten für die Endform zurückgegriffen werden.

Ein höheres Maß an Automatisierung - die Vermeidung interaktiver Eingriffe - ist zwar denkbar, der Aufwand dürfte jedoch in keinem Verhältnis zum Nutzen stehen.

6.2 NC-Programmierung

Mit der Forderung nach kürzeren Durchlaufzeiten, größerem Volumen und höherer Qualität bei der Herstellung von Werkzeugen ergibt sich die Notwendigkeit des Einsatzes flexibler NC-Maschinen für alle Arbeitsschritte der Herstellung von Werkzeug-Einzelteilen.

Erforderlich zu deren Betrieb sind die von einem Programmierer erstellten Teile-Programme, aus denen mit Hilfe von Prozessor und Postprozessor die vollständigen Informationen zur Steuerung einer solchen Maschine abgeleitet werden. Die einzelnen Bearbeitungsschritte zur Erstellung eines solchen NC-Steuerprogramms sind in Bild 66 dargestellt.

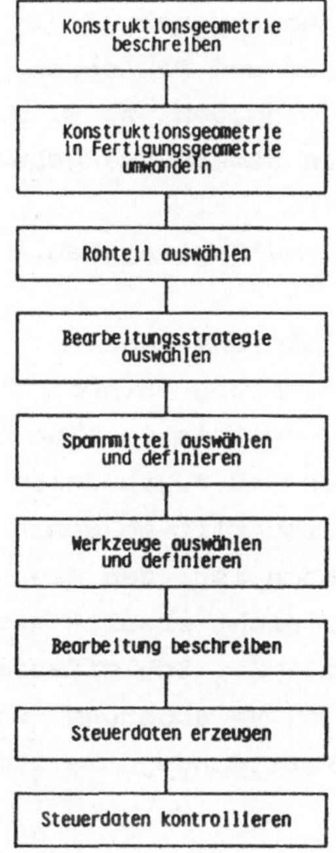

Bild 66: Arbeitsschritte beim Erstellen eines NC-Steuerprogramms

Da ein wesentlicher Teil des NC-Programms aus Geometriebeschreibung besteht, bietet es sich an, die im CAD-System als rechnerinternes Modell gespeicherte Geometrie des Werkzeugeinzelteils über eine Koppelung für das Programmiersystem (CAM) zu nutzen. Neben der Reduzierung des Aufwandes und einer erheblichen Zeitersparnis können Fehler bei der erneuten Dateneingabe ins Programmiersystem so vermieden werden.

Die aus dem CAD-System übertragene Geometrie ist die vom Konstrukteur festgelegte Nenngeometrie, aus der der Programmierer die im jeweiligen Arbeitsschritt, z. B. Drehen, zu fertigende Geometrie ableitet. Grundlage für diese Geometrieanpassung sind neben der Teile-Nenngeometrie

- Oberflächenangaben,
- Toleranzen und Passungen,
- Funktionsangaben, z. B. Gewinde,
- spezielle Bemaßungsangaben,
- Werkstoff,
- Wärmebehandlungsangaben.

z. B. erfordern solche Toleranzangaben, deren Toleranzmitte nicht dem Nennmaß der Zeichnung entspricht, eine Umwandlung der Konstruktions-Nenn-Geometrie in eine Fertigungsgeometrie, der dann ein abweichendes Maß zugrundeliegt / 45 /.
Auch wenn die Toleranzvorschrift so genau oder die geforderte Oberflächenqualität so hoch ist, daß sie mit dem gewählten Verfahren, z. B. Drehen, nicht erfüllt werden kann, muß eine entsprechende Zugabe, z. B. Schleifaufmaß, berücksichtigt werden. Beispiele für die Veränderung einer Konstruktions-Nenn-Geometrie in eine Fertigungsgeometrie sind im Bild 67 dargestellt.

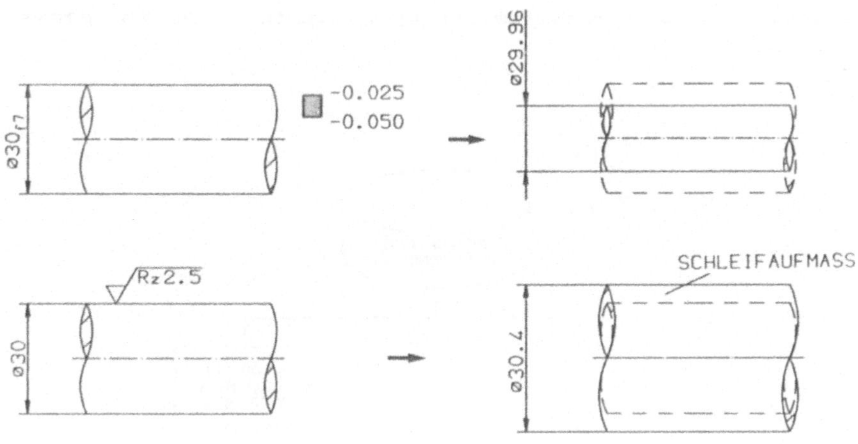

Bild 67: **Beispiele für die Umwandlung einer Konstruktions-Nenn-Geometrie in eine Fertigungsgeometrie**

Die Geometrie-Umwandlung an der Schnittstelle zwischen CAD-System und Programmiersystem kann automatisch oder teilautomatisch durch Algorithmen nur dann vorgenommen werden, wenn die erforderlichen Informationen und Daten bereitgestellt sind.

Bei der Teilebeschreibung in einem CAD-System müssen somit neben der Konstruktions-Nenn-Geometrie auch die genannten anderen Zeichnungsangaben, Toleranzen und Oberflächenangaben, in der Zuordnung zum jeweils entsprechenden Konturelement eindeutig interpretierbar bereitstehen. Die dieser Arbeit zugrundeliegende Vorgehensweise berücksichtigt diese Forderungen in der Datenstruktur, wie in 3.2 dargestellt.

Die Interpretation kann entweder bereits innerhalb des CAD-
Systems oder im CAM-System erfolgen, wie in Bild 68 dargestellt.

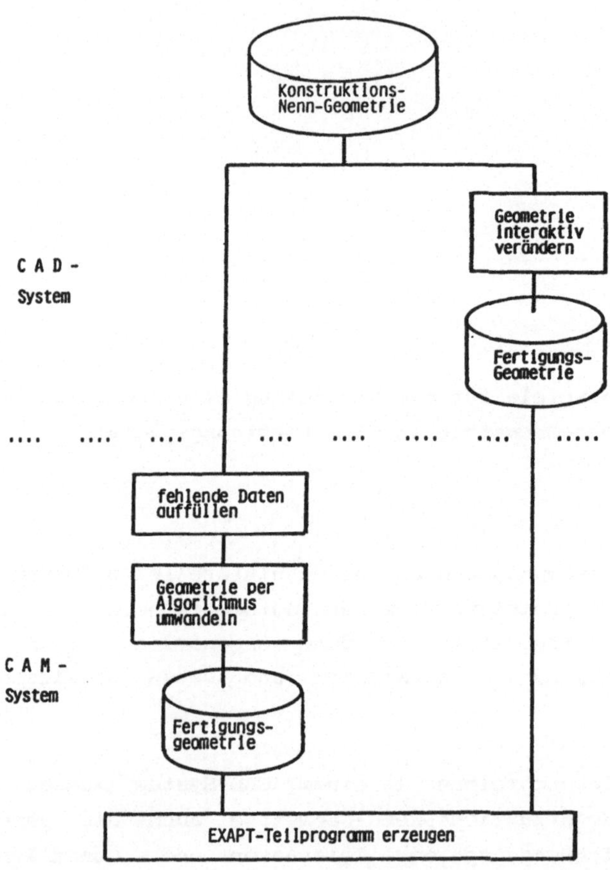

Bild 68: **Alternative Vorgehensweisen bei der Umwandlung
einer Konstruktions-Nenn-Geometrie in eine
Fertigungsgeometrie**

Die Datenstruktur, die dieser Arbeit zugrundeliegt, gestattet es zum Beispiel, einen Datensatz für das Drehteil zu definieren und daraus einen zweiten Datensatz für das daraus zu fertigende Schleifteil durch Veränderung der entsprechenden Parameter abzuleiten, wobei die Verknüpfung der beiden Datensätze durch Algorithmen in Stufen realisiert werden kann.

Die Mehrzahl der heutigen CAD-Systeme läßt eine solche Zuordnung noch nicht zu. Wo sie jedoch vorhanden ist, läßt sie sich für eine weitgehende Automatisierung der NC-Programmerstellung nutzen / 45 /.

Da eine Koppelung der hier dargestellten Teilebeschreibung zum Programmier-System EXAPT bisher nicht über die hier vorgeschlagene Datenstruktur, sondern über das Kern-CAD-System PROREN 1 (Bild 23) erfolgt, und dieses Kernsystem eine solche Zuordnung zwischen Oberflächenangaben und Kontur noch nicht kennt, geht sie bei der Koppelung verloren und muß per Dialog nachgeführt werden.

Das Bild 69 zeigt als Momentaufnahme aus der Simulation des Zerspanungsvorganges ein Drehteil - eine Vorstufe für einen Napfstempel -, dessen Geometrie hier für die Programmierung aus CAD übernommen wurde und dessen NC-Programm nach Ergänzung einiger technologischer Angaben automatisch erzeugt wurde. Als Basis-Programmier-System diente EXAPT, die Darstellung der Simulation erfolgte mit Hilfe des EXAPT-Moduls ZEIEX.
Sowohl die Kopplung von CAD- und CAM-Systemen als auch die Erstellung von Algorithmen zur Interpretation von Zeichnungsangaben einschließlich der daraus resultierenden Anpassungen der Fertigungsgeometrie sind zur Zeit Schwerpunkt zahlreicher Entwicklungsarbeiten, u. a. auch im Team des Verfassers. Wenn Konstruktions-Nenn-Geometrie und zu fertigende Geometrie identisch sind, wie z. B. beim Drahterodieren im Schnittwerkzeugbau, treten solche Probleme nicht auf.

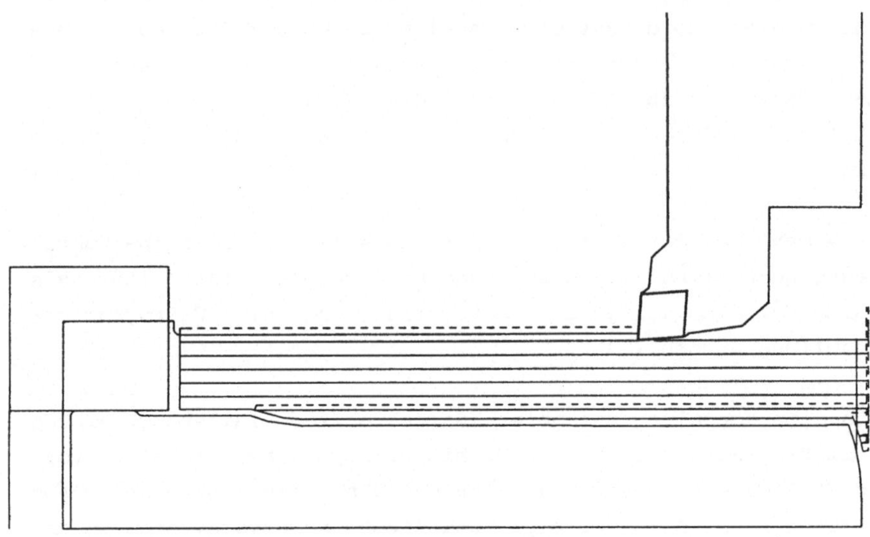

**Bild 69: Darstellung der Simulation des Zerspanungsvorganges
bei einem aus CAD übernommenen Drehteil
mit Hilfe des EXAPT-Moduls ZEIEX**

Bei der Anpassung des allgemeinen NC-Programms an die spezielle Maschinenkonfiguration zur Erzeugung des Steuerprogramms für die jeweilige Maschine - dem Postprozessorlauf - entstehen üblicherweise neben dem Steuerprogramm auch Zeitangaben zu den einzelnen Bearbeitungsschritten.

Eine automatische oder teilautomatische NC-Programm-Erzeugung aus CAD-Daten bedeutet damit auch die Schaffung einer relativ genauen Kalkulationsgrundlage für den zu dieser Maschine gehörenden Arbeitsgang des betreffenden Einzelteils.

Die komplette Einzelteilkalkulation ergibt sich dann aus der Summe der Kosten für die Einzeloperationen aller zu durchlaufenden Arbeitsgänge gemäß Arbeitsplan und den Materialkosten.

Die zunehmende integrierte Bearbeitung auf einer Maschine - z. B. Drehen, Fräsen und Bohren auf einer Drehmaschine in einem Arbeitsgang - verringert die Zahl der im Arbeitsplan genannten Arbeitsgänge ständig. Die früher unterschiedlich ausgewiesenen Arbeitsschritte finden sich damit nur noch als unterschiedliche Zerspanungssegmente in einem NC-Programm wieder. Die Gesamtzeit dient dann als Kalkulationsgrundlage.

Eine weitgehende Koppelung zwischen CAD und CAM kann somit nicht nur Aufwand bei der NC-Programmierung sparen, sondern bietet außerdem noch eine zuverlässige Grundlage für eine Einzelteilkalkulation und damit für eine Werkzeugkalkulation.

Der bislang erreichte Grad der automatischen Datenübernahme ist noch gering.

7.   Entwicklungstendenzen

7.1 Werkzeugkonstruktion

Betrachtet man den in Bild 6 dargestellten betrieblichen
Datenfluß unter dem Gesichtspunkt von CIM, der EDV-techni-
schen Verknüpfung eines Unternehmens, läßt sich leicht die
Bedeutung eines möglichst durchgängigen Einsatzes von CAD von
der Produktentwicklung bis hin zur Betriebsmittelanfertigung
ableiten.

Die Entwicklung der nächsten Jahre wird von den heute vorhandenen Insellösungen zu durchgängigen Lösungen erfolgen,
wobei die Werkzeugkonstruktion mit ihrer zentralen Stellung
besonders stark betroffen sein wird. Der Werkzeugkonstrukteur
wird in hohem Maß auf Geometrien - CAD-Daten - und andere
bereits definierte Daten zurückgreifen können.
Gleichermaßen stehen die von ihm erzeugten Daten anderen,
z. B. der NC-Programmierung, aber auch den administrativen
Bereichen zur Verfügung.

Es ist zu erwarten, daß dem Werkzeugkonstrukteur CAD-basierte
Normteilkataloge sowie einfach handhabbare Hilfsmittel zur
Ähnlichteilsuche, zur Berechnung, z. B. mittels FEM, wie auch
zur Kostenanalyse an seinem Arbeitsplatz zur Verfügung stehen
werden.

Für einfache Drehteile oder Teile aus Teilefamilien werden
Module zur Verfügung stehen, die automatisch aus der CAD-
Geometrie vollständige NC-Programme ableiten.

7.2 Relationale Datenbanken

Datenbanken sind Verwaltungssysteme für große Datenmengen. Sie werden vielfach im Bereich der kommerziellen Datenverarbeitung zur Verwaltung organisatorischer Daten eingesetzt, wobei die Daten innerhalb dieser Datenbanken heute noch üblicherweise in hierarchischen Strukturen abgelegt sind. Als deren Ablösung scheinen sich relationale Datenbanken durchzusetzen, bei denen im Gegensatz zu hierarchischen Datenbanken die Daten tabellenähnlich abgespeichert werden. Sie haben den Vorteil, daß mit Hilfe geeigneter Abfragesprachen die Daten nach unterschiedlichen, bei der Anlage der Datenbank noch nicht vorgesehenen Kriterien ausgewertet werden können.

Diese für organisatorische oder auch technische Daten als vorteilhaft erkannte Vorgehensweise wäre auch für geometrische Daten im Hinblick auf eine Ähnlichteilsuche erstrebenswert. Sie scheitert jedoch z. Z. an der Menge der zur Beschreibung eines Teils erforderlichen Daten. Voraussetzung für eine solche Ähnlichteilsuche wäre, daß die Daten in einer der Datenbank gemäßen Form vorliegen und zudem im Hinblick auf die gewünschte Auswertung interpretierbar sind.

Die in 3.2 dargestellte Datenstruktur, die Rotationsteile eindeutig definiert, ist geeignet für eine Abbildung in einer relationalen Datenbank und damit z. B. für eine Ähnlichteilsuche. Für einfache Normteile - Stifte, Bolzen, Auswerfer - wurde dies auf Basis von konventionellen Dateien versuchsweise bereits realisiert.

Vor allem bei großen Teilefamilien wäre eine solche Möglichkeit von erheblichem Interesse zur Abschätzung, ob ein Rohteil hinsichtlich Near-Net-Shape neu festgelegt werden sollte oder ob eine ohnehin vorgesehene Zerspanung aus einem bereits existierenden Rohteil wirtschaftlicher wäre.

Mit dieser Strategie kann die Zahl der neu anzufertigenden
Werkzeuge minimiert werden.

Theoretisch ist auch heute schon vorstellbar, mit einer geringeren Anzahl von Rohteilen als bisher ein breites Spektrum
an Fertigteilen abzudecken, wenn hinreichend ähnliche Teile
als solche leicht genug erkennbar wären.

Mit Hilfe der dieser Arbeit zugrundeliegenden Datenstruktur
wird die Möglichkeit für eine denkbare Lösung dieses Problems
aufgezeigt.

7.3 Prozeßsimulation

Heutige CAD-Systeme, wie auch das dieser Arbeit zugrundeliegende, lassen eine beliebige interaktive Positionierung von
Einzelteilen oder Baugruppen in einer Zusammenbauzeichnung
zu.
Dies gestattet, ausgewählte Situationen im Bewegungsablauf
des Werkzeugs darzustellen, um z. B. eventuelle Kollisionen
zu erkennen oder Werkzeugeinzelteile, wie Auswerfer, aufein-
ander abzustimmen, wie in 4.3 und Bild 54 gezeigt.

Diese Funktionskontrolle ist zwar schon eine deutliche Er-
leichterung für den Konstrukteur, wesentlich anschaulicher
wäre die vollständige Simulation eines Umformvorganges mit
allen Werkzeugbewegungen und der Verformung des Umformteils
/ 46 /.

Ziele einer solchen Prozeßsimulation sind / 47 /:

- Überprüfung eines bereits vorliegenden Konzepts für die
  Fertigung eines Produktes auf seine Durchführbarkeit,

- Beurteilung der Produkteigenschaften und

- Verbesserung des Kenntnisstandes über den realen Vorgang als Voraussetzung für eine Verfahrensoptimierung.

Eine Prozeßsimulation kann z. B. aufzeigen,

- wann in einem Umformvorgang Überlappungen zu erwarten sind,

- an welchen Stellen eines Fertigteils Kaltverfestigungen erwartet werden können,

- an welchen Stellen eines Fertigteils möglicherweise lokale Überbeanspruchungen des Werkstoffs aufgrund hoher lokaler Formänderungen auftreten, die mit der bisherigen Betrachtung globaler Kenngrößen nicht erkannt werden können.

Die breite Anwendung einer Prozeßsimulation wäre danach in vieler Hinsicht attraktiv. Dem steht heute jedoch noch der beträchtliche Aufwand an Rechnerleistung entgegen. Nicht hinreichend entwickelte Software sowie die Schwierigkeit ihrer Handhabung sind weitere Hemmnisse.

Die bislang an Hochschulen erzielten Ergebnisse lassen erwarten, daß mit wachsender Rechnerleistung und verbesserten theoretischen Grundlagen die Simulation von Umformvorgängen zukünftig ein attraktives Hilfsmittel des Planers und auch des Werkzeugkonstrukteurs werden wird.

7.4 Expertensysteme

Herkömmliche Programme sind gekennzeichnet durch einen eindeutigen Ablauf von einem Start zu einer Lösung. Die zugrundeliegenden Regeln werden nach vorangegangener Analyse aller denkbaren Lösungsmöglichkeiten mit Hilfe der gewählten Programmiersprache in Programmanweisungen umgesetzt.

Bei Expertensystemen (wissensbasierte Systeme) reicht dagegen die Definition von Regeln, die auch unvollständig und vage sein können, aber jederzeit erweiterbar sind, aus. Von dieser Wissensbasis aus werden im Gegensatz zur oben dargestellten operativen Vorgehensweise vor allem bei komplexen Problemen zuvor noch nicht analysierte Lösungsmöglichkeiten abgeleitet. Dies geschieht in einer getrennten Problemlösungskomponente mit Hilfe von Strategien unter Prüfung der einzelnen Regeln.

Expertensysteme werden in verschiedenen Bereichen verwendet, so unter anderem in der medizinischen Diagnose, bei der Diagnose von Fehlern bei Verbrennungsmotoren, bei der Konfiguration von Rechnern / 48 /.

Erste Ergebnisse liegen auch aus der Umformtechnik vor / 49, 50, 51 /. Am Institut für Umformtechnik der Universität Stuttgart laufen Untersuchungen mit dem Ziel, ein wissensbasiertes System zur Ermittlung von Stadienplänen für rotationssymmetrische Werkstücke in der Kaltmassivumformung zu erstellen / 52 /.

Unter Einbeziehung von Verfahrensgrenzen und Eigenschaften der Umformmaschine sollen alle technologisch möglichen Stadienfolgen im Rahmen der Wissensbasis aufgestellt werden und daraus mit Hilfe einer Multikriterienoptimierung die "effizienteste" Stadienfolge ausgewählt werden.
Ein Prototyp wurde auf der Basis von 37 Regeln für sieben Umformverfahren erstellt / 53 /.

Diese Entwicklung läßt eine Anwendung von Expertensystemen in der Praxis mit Sicherheit erwarten. Für den Einsatz von Expertensystemen in der Werkzeugkonstruktion sind noch keine Ansätze vorhanden.

Attraktiv dagegen erscheint eine Anwendung bei der Planung der Herstellung von Werkzeug-Einzelteilen. Bisherige Ansätze mit Entscheidungsbäumen / 54 / haben zu keinem befriedigenden Ergebnis geführt.

Die wenigen aufgeführten Beispiele lassen erkennen, daß zukünftig mit dem Einsatz von Expertensystemen mit weniger Aufwand als bisher Lösungen für komplexe Probleme gefunden werden können. Es ist zu erwarten, daß Expertensysteme sich mit zunehmender Erfahrung in der Anwendung und verbesserter Benutzerfreundlichkeit immer schneller durchsetzen werden.

8. Zusammenfassung

Im Rahmen der vorliegenden Arbeit wurde gemäß der beschriebenen Zielsetzung ein interaktives, rechnergestütztes System zur Konstruktion von Werkzeugen für die Kaltmassivumformung entwickelt. Als Basis diente das CAD-System PROREN 1.

Ausgehend von einer Analyse von Werkzeugeinzelteilen lag der Programmentwicklung der Gedanke zugrunde, Rotationsteile in einfache aber beliebige, parametrierbare Grundelemente - Kreiskegelstümpfe - aufzulösen. Diese Grundelemente waren in CAD darzustellen, aneinanderzureihen zu Teilen beliebiger Komplexität und nachfolgend zu verknüpfen.

Die zur Definition von Geometrie und Technologie erforderlichen Parameter werden im Dialog vom Konstrukteur abgefragt und bilden die Datenbasis.
Alle datenerzeugende (Quellen) und datennutzende (Senken) Programmodule tauschen ihre Daten über diese gemeinsame zentrale Teiledatei aus.

Zur einfachen Handhabung für einen CAD-ungeübten Konstrukteur wurden Programmodule entwickelt, die

- zum Beschreiben von Einzelteilen,
- zum Ändern vorhandener Einzelteile,
- zum Beschreiben von Einzelteilen ausgewählter Teilefamilien,
- zum graphischen Darstellen der so beschriebenen Einzelteile

dienen.

Die der eigentlichen Werkzeugkonstruktion vorgeschaltete Arbeitsplanung und die nachgeschaltete NC-Programmierung können ebenfalls diese zentrale Teiledatei als Datenbasis nutzen.

Die genannten Programmodule wurden derart in eine schalen-
förmige CAD-Systemarchitektur eingebettet, daß die interaktiven Möglichkeiten des zugrundeliegenden CAD-Systems zum
Ändern von Teilen, zum Beschreiben nicht-rotationssymmetri-
scher Teile oder zum Erstellen von Zusammenbauzeichnungen
voll genutzt werden können.

Um die besonderen Belange der Umformtechnik zu berücksichtigen, wurden spezifische Berechnungsmodule zur Stempel- und
Matrizenauslegung eingebunden.

Weitere Möglichkeiten zu einer Integration von heute noch
üblicherweise getrennt betrachteten Teilsystemen, wie FEM
zur Beanspruchungsanalyse von Werkzeugeinzelteilen oder das
Programmierungssystem zum Erstellen von NC-Programmen wurden
dargestellt. Die Nutzung der einmal in CAD erzeugten Geometrie wurde an Beispielen für FEM und NC-Programmierung gezeigt.

Abschließend wurden Entwicklungstendenzen hinsichtlich der
Werkzeugkonstruktion sowie den damit verbundenen Gebieten
wie Datenbanken, Prozeßsimulation und Expertensystemen
erörtert.

Literaturverzeichnis

/1/ Ilzig, F.:
     CAD bei der Herstellung von Werkzeugen für die Massiv-
     umformung,
     wt-Z. ind. Fert. 75 (1985) Seite 541 - 545

/2/ Altan T.:
     Computer Aided Design and Manufacturing
     (CAD/CAM) of Hot Forming Dies,
     J. Applied Metalworking, Vol 2., No. 2 (1982)
     Seite 77 - 85

/3/ Lechlmayer, R. und Röbbecke, A.:
     CAD/CAM-Anwendung bei Folgeverbundwerkzeugen,
     VDI-Bericht Nr. 450 (1982) Seite 137 - 142

/4/ Redecker, R.:
     CAD im Großwerkzeugbau (Planung und Konstruktion),
     VDI-Bericht Nr. 450 (1982) Seite 143 - 148

/5/ Steuss, D.:
     Rechnerunterstützte Konstruktion von Umformwerkzeugen
     und die Fertigungsplanung von Werkzeugelementen,
     Berichte aus dem Institut für Umformtechnik,
     Universität Stuttgart
     Nr. 64, Berlin - Heidelberg - New York - Tokyo,
     Springer, 1982

/6/ Altan, T.:
     Application of CAD/CAE/CAM in Metalforming:
     Selected Examples,
     Vortrag zum Symposium "Grundlagen der Umformtechnik II",
     Berichte aus dem Institut für Umformtechnik,
     Universität Stuttgart
     Nr. 75, Berlin - Heidelberg - New York - Tokyo,
     Springer (1983) Seite 247 - 280

/7/ Geiger, M./König, W.:
CAE in der Blechbearbeitung,
Vortrag zum Symposium "Grundlagen der Umformtechnik II",
Berichte aus dem Institut für Umformtechnik,
Universität Stuttgart
Nr. 75, Berlin - Heidelberg - New York - Tokyo,
Springer (1983) Seite 79 - 104

/8/ Steil, K.-P., Gerber, H.A.:
CAD/CAM-Anwendung in der Kommunikationstechnik,
VDI-Bericht Nr. 492 (1983) Seite 127 - 136

/9/ Davison, T.P., Knight, W.A.:
Computer Aided Process Design for Cold Forging
Operations,
Advanced Technology of Plasticity,
(1984) Vol. 1, Seite 551 - 556

/10/ Hußmann, W.:
Einsatz eines CAD/CAM-Systems für Stanzwerkzeuge
in einem Fertigungsmittelbau,
Vortrag zum 11. Umformtechnischen Kolloquium Hannover,
HFF-Bericht Nr. 9, Hannoversches Institut für Ferti-
gungsfragen e. V., Hannover (1984) Seite 14/1 - 14/8

/11/ Lee, R.S.:
Computer Aided Design of Extrusion Tooling,
Advanced Technology of Plasticity,
(1984) Vol. 1, Seite 557 - 562

/12/ Spur, G., Lehmann, C.M.:
Stand der Technik und Weiterentwicklung von CAD/CAM-
Systemen in der Umformtechnik,
Vortrag zum 11. Umformtechnischen Kolloquium Hannover,
HFF-Bericht Nr. 9, Hannoversches Forschungsinstitut für
Fertigungsfragen e. V., Hannover (1984) Seite 12/1 -
12/13

/13/ Altan, T.:
Practical Experiences and Future Developments in Computer
Applications in Forging,
Vortrag zum 6. Seminar "Neuere Entwicklungen in der
Massivumformung",
Forschungsgesellschaft Umformtechnik, Stuttgart,
(1985) Seite 1/1 - 1/25

/14/ Geiger, M.:
CAE in der Umformtechnik - Stand und Entwicklungs-
tendenzen,
CAD/CAM (1985) Seite CA 51 - CA 59

/15/ Ilzig, F.:
Integration von CAP-CAD-CAM in einem Werkzeugbau der
spanlosen Umformung
VDI-Bericht Nr. 492 (1983) Seite 103 - 109

/16/ Grabowsky, H., Glatz, R., Heidrich, R.:
Ist der Aufbau rechnerflexibler Normteildateien ein
Risiko ?
VDI-Z, Bd. 127 (1985) Nr. 7, April, Seite 207 - 214

/17/ Gürtler, G.:
CAD-Normteildatei, ein Projekt des DIN im Normenaus-
schuß Sachmerkmal - Leisten,
CAD/CAM, Heft 4, 1987, Seite 84 - 91

/18/ Lewandowski, S.:
DIN-Normteile im CIM-Konzept,
Vortrag zur Tagung: Der Weg nach CIM,
Haus der Technik e. V., Essen, 1987

/19/ Makosch, W., Körner, E.:
Konstruktion von Kaltumformwerkzeugen mit anwendungs-
spezifischen CAD/CAE-Modulen,
wt-z. ind. Fert. 78 (1988) Seite 89 - 93

/20/ Maj, M.:

Interactive CAD Programms for Drawing and Design of
Tooling Assemblies for Cold Forging on Multisation
Machines,
Technical Presentation for the 18th Plenary Meetin of
the International Cold Forging Group in Sweden, 1986

/21/ Seifert, H.:

Neue Entwurfsmethoden im Werkzeug- und Maschinenbau
durch CAD,
Vortrag VDI-Arbeitskreise EKV, ADB, und REFA-Bezirksver-
band, Stuttgart, Mai 1987

/22/ N.N.:

Normaliendatei statt Katalog,
Industrieanzeiger Nr. 11, 106. Jg., 1984, Seite 20 - 23

/23/ N.N.:

DETAIL 2 Benutzerhandbuch
PARTEC GmbH, Aachen, 1987

/24/ Koch, H.C.:

Computer Integrated Manufacturing als Wettbewerbsfaktor,
VDI-Bericht Nr. 611, 1986, Seite 1-29

/25/ Rebholz, M.:

Interaktives Programmsystem zur Erstellung von
Fertigungsunterlagen für die Kaltmassivumformung,
Berichte aus dem Institut für Umformtechnik,
Universität Stuttgart
Nr. 60, Berlin - Heidelberg - New York, Springer, 1981

/26/ Lange, K., Hrsg.:

Umformtechnik, Band 1, Grundlagen,
2. Auflage, Berlin - Heidelberg - New York - Tokyo,
Springer, 1984

/27/ Prior, H.:
Rechnerunterstützte Erstellung von Einzelteilzeichnungen,
Dissertation RWTH, Aachen, 1980

/28/ DIN 4000:
Sachmerkmal Leisten,
Beuth Vertrieb, Berlin - Köln, 1981

/29/ Prüfer, H.-P.:
Die Integration von Berechnungs- und Optimierungsmethoden
in CAD,
Konstruktion 39 (1987), H. 10, Seite 385 - 389

/30/ VDI-Richtlinie 3138:
Kaltfließpressen von Stählen und NE-Metallen
Blatt 1 bis 3,
Beuth Vertrieb, Berlin - Köln, 1970

/31/ Spur, G. und Stöferle, Th., Hrsg.:
Handbuch der Fertigungstechnik,
Band 2/2 Umformen,
München - Wien, Hanser, 1984

/32/ ICFG Data Sheet 6/82:
Calculation Methods for Cold Forging Tools,
Document No. 6/82, Portcullis Press Ltd., Surrey, 1982

/33/ ICFG Data Sheet 4/82:
General Aspects of Tool Design and Tool Materials for
Cold and Warm Forging,
Document No. 4/82, Portcullis Press Ltd., Surrey, 1982

/34/ Neubert, B., Voelkner, W.:
CADED - Rechnergestützte Konstruktion von Fließpress-
werkzeugen,
Fertigungstechnik und Betrieb, Berlin 31 (1981) Heft 11,
Seite 658 - 660

/35/ Lange, K.:
Hohlformwerkzeuge für Urform- und Umformverfahren,
VDI-Bericht Nr. 166, 1970, Seite 86 - 96

/36/ Herlan, Th.:
Fertigung kleiner Losgrößen durch Kaltfließpressen,
wt-Z. ind. Fertig. 76, 1986, Seite 85 - 88

/37/ Lange, K., Neitzert, Th.:
Rechnerunterstützte Auslegung von doppelt armierten
Werkzeugen zum Kaltfließpressen,
KfK-Bericht KfK-CAD 177, Karlsruhe, 1980

/38/ ICFG Data Sheet 5/82:
Calculation Methods for Cold Forging Tools,
Document No. 5/82, Portcullis Press Ltd., Surrey, 1982

/39/ Makosch, W., Körner, E.:
unveröffentlichte Programmbeschreibung zu KONWERKA,
Institut für Umformtechnik,
Universität Stuttgart, 1988

/40/ Steck, E.:
Die bruchmechanische Beurteilung des Bauteilverhaltens
- Möglichkeiten und Grenzen -
Vortrag zum Seminar "Neuere Entwicklungen in der Massiv-
umformung"
Forschungsgesellschaft Umformtechnik, Stuttgart,
Juni 1981, Seite 1/1 - 1/21

/41/ Schröder, G.:
Methoden der Bruchmechanik zur Lebensdauervorhersage bei
Umformwerkzeugen
wt-Z. ind. Fertig. 74 (1984) Seite 207 - 210

/42/ Reiss, W.:

Untersuchung des Werkzeugbruches beim Voll-Vorwärts-
Fließpressen
Berichte aus dem Institut für Umformtechnik,
Universität Stuttgart,
Nr. 94, Berlin - Heidelberg - New York - London - Paris -
Tokyo, Springer 1987

/43/ Su, J.:

Auslegung von Umformwerkzeugen mit Hilfe der Boundary
Element Methode im Verbund mit CAD-Systemen
Jahresbericht 1987 des Instituts für Umformtechnik,
Universität Stuttgart, Seite 63 - 64

/44/ Kling, E.:

Aufweitung von Fließpreßmatrizen mit überlagerter
thermischer und mechanischer Beanspruchung,
Berichte aus dem Institut für Umformtechnik,
Universität Stuttgart,
Nr. 81, Berlin - Heidelberg - New York - Tokyo,
Springer, 1985

/45/ Ilzig, F.:

Erfahrungen bei der Koppelung von CAD/CAM in einem
Betrieb der Automobildzulieferindustrie,
Vortrag VDI-Arbeitskreise EKV, ADB und REFA-Bezirks-
verband, Stuttgart, 1987

/46/ Roll, K.:

Rechnerunterstützte Verfahrenssimulation in der Kalt-
massivumformung,
Vortrag zum Symposium "Grundlagen der Umformtechnik II",
Berichte aus dem Insitut für Umformtechnik,
Universität Stuttgart,
Nr. 75, Berlin - Heidelberg - New York, Springer, 1983

/47/ Roll, K., Tekkaya, A.E.:
Prozeßsimulation umformtechnischer Vorgänge -
technologische Ausnutzung,
Vortrag zum 6. Seminar "Neuere Entwicklungen in der
Massivumformung"
Forschungsgesellschaft Umformtechnik, Stuttgart
Juni 1985, Seite 2/1 - 2/27

/48/ Franz, B.:
Wissensbasierte Systeme im CIM-Verständnis:
Das System TWAICE der Nixdorf Computer AG,
Vortrag zur 18. IPA Arbeitstagung Produktionsplanung,
Produktionssteuerung in der CIM Realisierung,
Berichte aus dem Fraunhofer-Institut für Produktions-
technik und Automatisierung (IPA), Stuttgart et al.
Berlin - Heidelberg - New York - Tokyo, Springer, 1985,
Seite 517 - 587

/49/ Osakada, K., Kado, T., Yang, G.B.:
Application of AI - Technique to Process Planing of
Cold Forging
Annals of the CIRP, Vol. 37 (1988), Seite 239 - 242

/50/ Bariani, P., Knight, W.A.:
Computer-Aided Cold Forging Process Design:
A Knowledge-Based System Approach to Forming Sequence
Generation
Annals of the CIRP, Vol. 37 (1988), Seite 243 - 246

/51/ Tang, J.-P., Oh, S.-I.:
AFD: An Automated Forging Design System
Proceedings of NAMRC - XVI 1988, University of Illinois
Urbana-Champaign
Seite 55 - 62

/52/ Lange, K., Körner, E., Makosch, W.:
Anwendung von CAD/CAE bei der Konstruktion von Umform-
werkzeugen,
Vortrag zum 12. Umformtechnischen Kolloquium Hannover,
HFF-Bericht Nr. 10, Hannoversches Institut für Ferti-
gungsfragen e. V., Hannover, 1987, Seite 3/1 - 3/11

/53/ Du, G.:
Wissensbasiertes System zur Stadienplanermittlung beim
Kaltmassivumformen,
Jahresbericht 1986 des Instituts für Umformtechnik,
Universität Stuttgart, Seite 51 - 52

/54/ Meyer, K.-D.:
Automatisierte Drehteilkalkulation,
unveroffentlichter Bericht des Instituts für Fertigungstechnik und spanende Werkzeugmaschinen (IFW),
TU Hannover, 1977

Berichte aus dem Institut für Umformtechnik
der Universität Stuttgart

Herausgeber Professor Dr.-Ing. Kurt Lange